植绿生态挡墙
Planting Ecological Retaining Wall

袁以美　罗日洪　可欣荣　何民辉　著

河海大学出版社

HOHAI UNIVERSITY PRESS

·南京·

内 容 提 要

本书首次提出植绿生态挡墙概念,可解决传统混凝土挡墙缺少生态性的技术问题。通过充分利用传统混凝土或浆砌石挡墙结构稳定、技术成熟、安全可靠、方便施工等优点,在墙面上设置数排种植槽进行景观绿化,形成具有美化生态环境、方便落水者攀爬上岸、提供动物栖息空间等优点的植绿生态挡墙。对于既有挡墙,可通过在墙面上锚固种植槽的方式进行生态改造。雨水收集利用及太阳能自动浇灌系统,可为植绿生态挡墙种植槽内植物的健康生长提供水分。采用传统混凝土挡墙之处,均可选用植绿生态挡墙。目前植绿生态挡墙已应用于多宗河道治理工程,产生了良好的生态效益和社会效益。

本书可供水利、交通、土木等领域的科技人员和高等院校相关专业的师生参考。

图书在版编目(C I P)数据

植绿生态挡墙 / 袁以美等著. -- 南京:河海大学出版社,2020.11
　ISBN 978-7-5630-6481-6

　Ⅰ. ①植… 　Ⅱ. ①袁… 　Ⅲ. ①挡土墙—绿化 　Ⅳ.
①TU985.1

中国版本图书馆 CIP 数据核字(2020)第 181573 号

书　　名	植绿生态挡墙	
	ZHILÜ SHENGTAI DANGQIANG	
书　　号	ISBN 978-7-5630-6481-6	
责任编辑	金　怡	
责任校对	卢蓓蓓	
封面设计	张世立	
出版发行	河海大学出版社	
地　　址	南京市西康路 1 号(邮编:210098)	
电　　话	(025)83737852(总编室)	
	(025)83722833(营销部)	
经　　销	江苏省新华发行集团有限公司	
排　　版	南京布克文化发展有限公司	
印　　刷	广东虎彩云印刷有限公司	
开　　本	787 毫米×1092 毫米　1/16	
印　　张	9	
字　　数	158 千字	
版　　次	2020 年 11 月第 1 版	
印　　次	2020 年 11 月第 1 次印刷	
定　　价	50.00 元	

序

河道治理工程中,由于挡墙占地面积较小,常作为支挡结构布置于堤岸临水侧。传统挡墙主要采用浆砌石及混凝土结构型式,具有理论成熟、施工方便、造价适中、安全可靠、抗水流冲刷性强、经久耐用等优点,但其墙面僵硬、光滑陡立,缺少生态特性,且不利于不幸落水者攀附自救。现有生态挡墙种类多样,各具优势,各有其适用条件。对于迎流顶冲、深槽迫岸、河势复杂、落差较大的河道堤岸,目前传统挡墙凭其显著的安全可靠性仍然处于首选地位。

植绿生态挡墙是对传统挡墙缺乏生态特性的一种有效改进。它充分利用传统混凝土或浆砌石挡墙的优点,在新建挡墙时将陡立的临水侧墙面适当放缓,并在墙面上设置数排种植槽进行景观绿化,形成具有美化生态环境、方便落水者攀爬上岸、提供动物栖息空间等多种功能的生态挡墙。对于现有传统挡墙,可通过在墙面上锚固种植槽的方式实现上述功能。植绿生态挡墙墙面上的种植槽对挡墙整体安全影响甚微,其结构安全复核可执行传统挡墙的相关标准,在适用传统挡墙之处,均可适用植绿生态挡墙。

本书对植绿生态挡墙的适用条件、结构设计、安全复核、施工方法、雨水收集利用和自动浇灌系统进行了详细的介绍,从理论上推导种植槽尺寸计算公式,提出了两种施工方法,并给出了相对应的经济可靠的数据,可直接应用于工程实践,方便读者快速掌握。此外,列举了多个工程案例,详细介绍了需要考虑的各种因素及设计优化过程。这些工程案例表明,植绿生态挡墙在造价上与传统挡墙相差很小,理论上可采用传统挡墙的计算方法,功能上显著增加了生态效果,充分体现人水和谐共生的新时代治水理念。

本书是作者长期科研成果的总结。书中既有对植绿生态挡墙结构方面的理论研究,又有对雨水收集利用与太阳能自动浇灌系统的应用研究,创新性与实用性强,希望能引起工程界对具有生态特性的传统挡墙的更多关注,推动植绿生态挡墙的发展。

期待这一研究成果早日出版。

中国工程院院士 罗锡文

2020 年 7 月 28 日

前言

　　传统挡墙主要包括浆砌石挡墙和混凝土挡墙,其因经久耐用、安全可靠、技术成熟、造价适中而广泛应用于河道堤岸建设中。但传统挡墙缺乏生态特性。党的十八大立足新世纪、新阶段,将生态文明建设提到与经济建设、政治建设、文化建设、社会建设并列的位置,从而把中国特色社会主义事业总体布局发展为"五位一体"的总体布局。党的十九大提出加快生态文明体制改革,建设美丽中国的新目标。因此应加强生态挡墙的系统研究。目前已应用的生态挡墙种类多样,如格宾挡墙、混凝土预制块挡墙、生态袋挡墙、生态框挡墙等,各有其适用范围,均具有生态特性。但这类生态挡墙的耐久性及应用高度还需要经过工程实践的长期检验。在高差较大、河势复杂、河床摆较大的地方,传统挡墙仍最为安全可靠,依然受建设各方的青睐。

　　为赋予传统挡墙生态特性,本书作者提出了植绿生态挡墙概念,即在传统挡墙临水侧墙面上设置种植槽进行景观植绿。将传统挡墙临水侧墙面适当放缓,结合人类攀爬及植物生长需求,调整相邻种植槽间距及槽深与槽宽,以便能在临水侧形成全覆盖的生态美景,并为不幸落水者提供手攀脚登之处,有助于其沿种植槽攀爬上岸自救。为较好地实现这一设计理念,结合现场施工情况,提出了种植槽的两种施工方法,一种是种植槽与挡墙混凝土同步浇筑,这需要设立较多的混凝土模板,将影响施工进度,但整体性较好;另一种施工方法是先阶梯后砌筑槽壁法,先期浇筑挡墙混凝土,在临水侧形成阶梯状,后期在阶梯边沿砌筑浆砌砖形成种植槽。对于既有挡墙,也可通过在临水侧墙面上锚固种植槽来实现植绿及方便落水者自救功能。为给种植槽植物提供水分,研发了植绿生态挡墙的雨水收集利用系统及太阳能自动浇灌系统。本书列举的工程实例表明,在适用传统挡墙之处,均适用植绿生态挡墙,并呈现出预期的生态效果。本书旨在当确需采用传统混凝土挡墙之时推荐采用植绿生态挡墙。

　　本书依托于广东省普通高校特色创新项目(2019GKTSCX048)、广东水利电力职业技术学院科研创新项目(CY604ZK03)等科研项目的成果,受中国特色高水平高职学校和专业建设计划资助出版。该成果曾入选并参展 2018 年、2019 年两届中国创新创业成果交易会，被写入 2019 年广东省水利厅发布的《广东省水利工程生态建设指导意见》、广东省地方标准《水利工程生态设计导则》（送审稿）。

在撰写本书过程中，作者得到课题组其他成员——广东水利电力职业技术学院周莞阳讲师，华南农业大学李就好教授、李秉晟研究生，广东省水利水电科学研究院黄锦林教高、王立华教高的大力支持，还得到汕尾市水务局、东源县水务局、博罗县水利局、阳江市东区农业农村和水务局、廉江市水务局、阳春市水务局、恩平市水利工程建设管理中心、江门市科禹水利规划设计咨询有限公司、广东珠荣工程设计有限公司、广东省水利电力勘测设计研究院、珠江水利科学研究院、河源市水利水电勘测设计院有限公司、深圳广汇源环境水务有限公司、汕尾市水利水电建筑工程勘测设计室、湛江市高远工程咨询有限公司、茂名市祥海建设工程咨询有限公司、广东中灏勘察设计咨询有限公司、韶关市水利水电勘测设计咨询有限公司、清远市水利水电勘测设计院有限公司等单位的大力支持，同时参考了众多同行的研究成果以及文献、资料，恕不一一列举，在此谨致谢意！特别感谢中国工程院罗锡文院士为本书作序！

由于作者水平、实践经验有限，书中难免有疏漏之处，敬请读者批评指正。

目录

第一章 概述

直立式挡墙常用于河道治理、城镇防洪等工程中,主要采用传统的混凝土或浆砌石结构。这类挡墙优点有:技术成熟,结构安全,施工简单。缺点有三:一是缺乏生态性,二是不幸落水者难以自救,三是生态景观效果差[1]。党中央、国务院多次强调,要坚持以人为本,把生态文明建设放在突出的战略位置。然而,传统挡墙缺乏生态性,与党中央、国务院对生态的要求不相适应,亟需改进。

水生态文明倡导人与自然和谐共处,水生态文明的核心是"和谐",是指人类遵循人水和谐理念,以实现水资源可持续利用,支撑经济社会和谐发展,保障生态系统良性循环为主体的人水和谐文化伦理形态,是生态文明的重要组成部分和基础内容。

然而,全国各地每年不幸落水溺亡事件频发。据我国卫计委发布的数字显示,中国每年有 57 000 人溺水死亡,相当于每天有 150 多人。全世界每年有超过 37.2 万人因溺水而死,相当于每小时有 40 人被淹死。这是一个个令人心情无比沉重的数据。每年夏季,溺亡于河道的不幸事件屡见报端。当然,溺亡原因很多,但因河道岸墙直立(在城镇等人口密度大的地方常被采用)致使落水者难以攀爬上岸自救或互救是其中一个重要原因,也有许多因救助方法不当而致使更多人溺亡的惨痛教训。直立的传统挡墙也大大增加了岸上人员施救的难度(图 1.1.1)。

植绿生态挡墙是一种兼具生态性及落水者自救性的多功能挡墙,可解决生态挡墙造价高、传统挡墙缺乏生态性的技术难题,主要创新思想是在传统挡墙外侧增加种植槽,形成具有一定景观效果的生态挡墙。它充分利用了传统挡墙结构稳定、经久耐用、节省用地、造价适中、方便运行管理等优点。这种植绿生态挡墙具有以下特点(图 1.1.2—图 1.1.3)。

(1)方便不幸落水者自救。河岸直立挡墙外侧陡峭、光滑,不幸落水者难以攀爬上岸。在外侧墙面增加种植槽后,为不幸落水者提供了手抓足蹬之处,或自救上岸,或等待救援,大大增加生还希望。

图 1.1.1 溺亡事件搜救现场

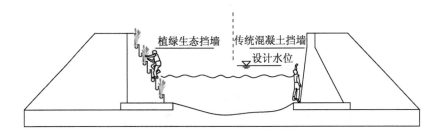

图 1.1.2 植绿生态挡墙与传统挡墙剖面图对比

图 1.1.3 植绿生态挡墙落水者自救效果图

（2）方便岸上人员施救。光滑而直立的墙壁无疑增加岸上营救人员施救的难度，稍不注意，就有跌入水中的危险。

（3）为动植物生长提供生存空间。鱼虾、水草等水生物可以在种植槽中产卵、栖息、生长。

（4）配合景观设计，增强景观效果。在种植槽内种植种类合适的花草，可大大增强景观效果。

（5）适应性广。既适用于新建挡墙，也适用于对既有挡墙的改造。既可用于水利行业的河湖整治，也可用于公路、铁路等其他行业。

（6）造价适中，施工方便。

植绿生态挡墙曾入选并参展 2018 年、2019 年中国创新创业成果交易会，并受到广泛关注。

为保证河道生态挡墙临水侧的种植植物正常生长，在临水侧形成植物全覆盖的景观，以达到美化生态环境的效果，设置自动浇灌系统是十分必要的[2]。因此，本书作者还研发了由单片机、温湿度传感器、太阳能板、铅酸蓄电池和水泵等组成的自动灌溉系统。该系统以太阳能为动力，由单片机通过温湿度传感器采集土壤湿度，再根据设定的土壤水分参数控制水泵进行微喷灌，以达到智能化灌溉的目的[3]。植绿生态挡墙自动浇灌系统具有节能、环保、生态、就地取材、易于管理等优点，具有现实意义，应用前景非常广阔。

本书主要内容如下：

（1）植绿生态挡墙结构型式及稳定性研究；

（2）植绿生态挡墙雨水收集系统研究；

（3）植绿生态挡墙自动浇灌系统研究；

（4）植绿生态挡墙工程应用案例。

第二章　国内外研究进展及前景

2.1　国内外研究进展

　　河道整治、灌渠改造、城市河道治理等工程,除了要求岸坡稳定,同时还要求具有生态功能。发达国家在生态护坡技术方面的研究已有很长的历史,并已广泛应用于受损河流护岸的修复中。1938 年,德国 Seifert[4]首先提出“近自然河溪整治”(Near Natural Torrent Control)的概念,即是指在完成河流治理的基础上可以达到接近自然景观效果的治理方案。20 世纪 50 年代,德国正式创立了“近自然河道治理工程学”,在工程设计上强调要应用生态学的原理和知识,使河流的整治符合植物化和生命化的原理[5];1971 年,Odum 首次提出生态护岸(Ecological Riparian)的概念,他认为生态护岸应是以自然的经营管理为理念的一种护岸,在解决环境问题的过程中应该运用生物学和生态学的原理和技术作为解决问题的基本方法[6]。20 世纪 90 年代初,有学者提出了坡面生态工程(Slope Eco-engineering,简称 SEE)或坡面生物工程(Slope Bio-engineering)的概念,认为坡面生态工程是指以环境保护和工程建设为目的的生物控制或生物建造工程[7],也指利用植物进行坡面保护和侵蚀控制的途径与手段[8]。另有研究证明河岸植被带的过滤功能可以明显滞留并减少氮、磷含量[9],为此,生态河道理念得到了大规模的实践应用,例如:日本在 20 世纪 90 年代开展了创造多自然河力计划,并推出了植被型生态混凝土护岸技术[10];美国曾采用可降解生物纤维编织袋装土构建成台阶岸坡并种植植被,实践表明这种工程技术具有可靠的抗洪水能力[11];一些发达国家采用了近自然河道设计技术,拆除以往护岸工程上使用的硬质材料,建设生态型护岸工程[12]。生态型河道建设在国外经过 70余年的发展,已形成了较为成熟的理论体系和完整的技术框架,在河道治理中发挥了卓越的功效。

　　我国近年来也逐渐认识到硬质护岸对河流生态系统的危害,开始结合国内现有河道的整治现状,倡导和推广生态河道建设理念。因此,生态挡墙在涉水工程中的应用越来越多,国内科学技术人员对其进行了大量的研究开发工作。

李丰华等[13]认为航道建设中的挡墙需改变原有非生态的结构形式,尽可能实现生态化、人性化、景观化等多功能目标,重点阐述了几种应用于航道整治护岸工程中的生态挡墙的结构及应用,探讨了生态挡墙在航道护岸工程中的发展前景。绍俊华[14]对自嵌式植绿挡墙的具体施工工序以及工艺流程进行了分析,提出了自嵌式植绿挡墙施工质量的控制手段,以提高施工效率,环境效益和经济效益显著。陈萍等[15]以实际工程为例,对退台式透水混凝土砌块挡墙在西北高寒高海拔地区的适应性进行了一定的探索,阐述了透水混凝土砌块挡墙技术的原理与施工要点,介绍了设计思路、施工工艺,分析了应用前景。孟良胤等[16]以浙江省瓯江治理工程景宁县鹤溪河治理工程为案例,研究石笼网生态挡墙的结构和特性及其施工技术,分析石笼网生态挡墙的应用效益,探讨石笼网生态挡墙在各类工程领域中的应用前景。

生态挡墙的建设将水利工程的景观与环境生态景观相结合,可塑造优美的河湖风景和工程景观,不仅实现了对河道的生态治理,还可满足人们在水边休闲娱乐的需求,弘扬了人水和谐、人与自然共进共荣的价值观。因此,生态挡墙在涉水工程中的应用越来越多,但带来的问题是如何保持这些植物的正常生长,特别是岸坡上的植被,往往因为缺水而枯萎。为了达到环保、便于管理、节省人力物力等目的,有必要研究一套基于太阳能的自动灌溉系统,以保障生态挡墙的景观效果。

基于太阳能的自动灌溉系统目前在农业上应用较广。在我国农业生产电力供应不足和不稳定是普遍现象,在山区和丘陵地区大部分农田尚没有电网覆盖。随着农业产业和生产设施发展,自动灌溉系统在农业生产中的需求日益强烈。自动灌溉系统的关键在首部和动力,传统方法是用电带动水泵抽水,需要架设电线到水源处,或者用柴油(汽油)发动机做动力,使用和维护成本很高。太阳能作为一种绿色能源,随着科学技术的不断进步,已经成为风能之后被广泛应用到发电领域的一种可再生能源。因此,利用太阳能作为动力,进行农业生产灌溉越来越受到关注。车保川[17]设计了一种基于单片机的低功耗太阳能灌溉系统,该系统采用单片机控制整个系统,利用变频器可调节输出功率,以降低功耗和提高系统的可靠性。束文强等[18]利用单片机作为控制器的核心,设计出一种可根据土壤温湿度等参数的变化而进行自动灌溉且具有显示功能的系统,系统包括了单片机、温湿度传感器、太阳能板、按键开关、过流保护电路、电机和水泵、液晶显示屏等。李双等[19]提出一种基于 STM8S 单片机的太阳能抽蓄灌溉自动控制系统的设计方案。李淳桢等[20]设计了一种用于抽蓄灌溉的太阳能板电源电路,该电路通过改变各个开关的状态可以实现蓄电池的充电和放电过程,可以根据充电和放电的需要使 2 块蓄电池在串联模式或并联模式下工作,使用比较方便。傅秋艳等[21]对一种新型太阳能集水蓄水智能化微润灌溉系统进行了适宜性试验研究,以便能在维持土壤最适湿度的同时减少耗水量。邱林等[22]设计了农田智能化灌溉系统的太阳能供电电源功能模块、太阳能智能化控制灌溉模块及其子功能模块,研究应用太阳光照自动跟踪原理、最大输出功率点跟踪原理、模糊控制原理等相关理论,实现太阳能光照强度最大、太阳能供电电源输出功率最大、不同负载等级的稳定电流输出、模糊控制自动灌溉、电能转换为水势能存储等应用功能,达到利用太阳能光伏技术实现智能化精准灌溉的目的。李光林等[23]研制了基于太阳能的柑桔园自动灌溉与土壤含水率监测系统,试验表明,系统运行稳定可靠,能实现柑桔园区的自动灌溉与土壤含水率的自动监测。

国内外自动浇灌设备多用于灌区或园林绿化区。尚没有公开太阳能水泵与土壤墒情监测相耦合、雨水自动收集与土壤墒情监测相耦合的系统用于生态挡墙绿化的自动浇灌的实践。

2.2 发展趋势和应用前景

植绿生态挡墙成果曾入选并参展 2018 年、2019 年中国创新创业成果交易会,并受到广泛关注。河道生态挡墙在临水侧分布有种植植物,为保证其正常生长,在临水侧形成植物全覆盖,达到美化生态环境效果,设置自动浇灌系统是十分必要的。

植绿生态挡墙及自动浇灌系统具有节能、环保、生态、就地取材、易于管理等优点,被写入广东省水利厅《广东省水利工程生态建设指导意见》(粤水办〔2019〕3 号),并在广东省水利系统宣贯会上得到推荐。目前,植绿生态挡墙在广东省官渡河、叉仔河、碧山河、排沙水、大八河、太平河、倒流河等多宗河道治理工程中得到应用(或即将实施),产生了良好的生态、社会效益,具有广阔的应用前景。

第三章　植绿生态挡墙

3.1　河道生态挡墙常用结构型式

传统的河道挡墙有混凝土挡墙、浆砌石挡墙。传统挡墙安全可靠,但缺乏生态特性,且临水侧光滑陡立,不幸落水者难以自救上岸。

河道生态挡墙是一种既能起到生态环保的作用,又兼具景观功能、防止水土流失的挡墙。采用生态挡墙护堤,可促进地表水和地下水的交换,也可滞洪补枯、调节水位,恢复河道中动植物的生长环境,利用动植物自身的功能净化水体[24],还可为水生动植物提供栖息生长场所[25-26]。河道生态挡墙有利于堤防保护和生态环境的改善,有利于形成水清岸绿、鱼翔浅底、水草丰美、白鹭成群的景象。

当前,常用的河道生态挡墙主要有:格宾挡墙、混凝土预制块挡墙、生态袋挡墙等。

3.1.1　格宾挡墙

格宾挡墙是指将满足设计要求粒径的石料填入格宾网箱中,逐层砌筑形成的一种支挡防护结构[27](图3.1.1)。这种挡墙类似于我国古代都江堰使用的竹篾石笼(图3.1.2)。格宾挡墙主要依靠自身重力维持结构稳定性,本质上为重力式挡墙。当格宾挡墙自身在土压力作用下发生挠曲变形时,结构变形将影响土压力的大小和分布,因此,具有抗震、适应较大变形等特点(图3.1.3)。同时,格宾挡墙具有良好的透水性、较大的孔隙率,有利于植物生长,且为动物栖息提供生存空间。因此,在道路交通工程、河道治理工程建设中应用较多。

格宾挡墙中,格宾网箱由低碳钢丝或者外包聚氯乙烯的低碳钢丝经机械编织而成,外表呈六边形双绞合形状,具有很高的抗腐蚀性能、强度及延展性(图3.1.4)。低碳钢丝直径多为 2.0～4.0 mm,抗拉强度大于 380 MPa。为保证

图 3.1.1　格宾生态挡墙

图 3.1.2　竹篾石笼

图 3.1.3 格宾石笼适应较大变形

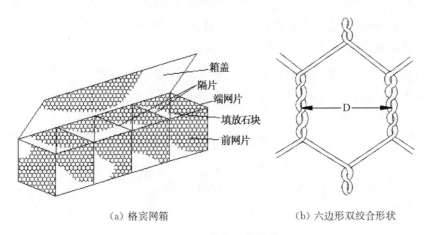

（a）格宾网箱   （b）六边形双绞合形状

图 3.1.4 格宾网箱结构

绞合力,双线绞合长度应大于 50 mm。对石块的要求是,其短边长度不小于网孔直径。

现代格宾技术从 1879 年兴起至今,在国外已发展 140 年,取得了丰硕的理论成果和众多成功案例。20 世纪 90 年代末,我国引入格宾技术[28]。后来,我国在加筋格宾挡墙基础上,开发了一种集加筋与生态绿化于一体的新型支挡技术——绿色加筋格宾挡墙技术,扩大了格宾技术的应用范围。

国内学者及相关工程人员将主要精力集中在格宾挡墙的施工工艺等应用方面,但对其设计计算及受力特性等理论方面研究较少,国家相关部门也未出台相关的设计规范。根据国外及厂家有关资料及经验,我们只知其受力情况与常用的重力式挡墙基本相同,可按重力式挡墙的设计方法进行设计[29]。文献[27]提出应按有关要求进行专项设计。但由于石笼结构属于柔性结构,与常规刚性圬工砌体的受力和变形特点不同,简单地应用重力式挡墙的设计计算方法显然不利于其大面积的推广和应用,故对格宾挡墙的设计方法和设计理论等进行深入研究是必要且迫切的。国外学者在双绞合六边形钢丝网和多种不同填料的界面摩擦特性、格宾挡墙的破裂面形式、加筋格宾挡墙的加筋机理、加筋格宾挡墙最佳布筋方式等方面研究得较多[30-32]。刘泽[33]等人通过对浙江省绍诸(绍兴—诸暨)高速公路 K38+398 断面的绿色加筋格宾挡墙进行现场试验,测试竖向土压力、水平土压力、筋材拉应变和加筋体侧向变形的分布规律,发现墙后的水平土压力在施工期先增加后减小,沿墙高呈非线性分布,最大值发生在 $H/3$(H 为墙高)处。杨浩[34]研究认为格宾挡墙结构同常规刚性浆砌体或钢筋混凝土体的受力和变形特点有所不同,采用重力式挡墙的设计计算方法显然是不太适宜的,故还需对格宾挡墙的设计方法和设计理论进行深入的研究,如格宾挡墙的抗震性能、加筋机理、变形特征、稳定性能、工作原理等。

格宾挡墙具有就地取材(块石)、美化生态环境、对地基适应性强、抗震性能好、透水透气性好等优点。但同时具有明显缺点:

①石材匮乏地区不适用;

②耐久性不足,当网箱破损时,充填物便成为散体;

③当发生野火时,网箱易损坏;

④用于河道堤防时,易挂留垃圾,且难以清理。

目前,在广东省中小河流治理项目中,格宾挡墙的应用量呈减少趋势。

3.1.2 混凝土预制块加筋挡墙

混凝土预制块加筋挡墙,是以预制混凝土块为建筑材料的新型挡土结构(图3.1.5)。其施工方法是直接干垒而无需采用水泥砂浆进行砌筑,由块与块之间连锁力和块体自身重量来维持结构稳定。此外,为增强整体稳定性,可在块层之间增加平铺的土工格栅作为筋材(图 3.1.6)。挡墙建成后,可根据需要在常水位以上的生态孔内进行绿化种植。相邻上下层砌块之间,有的产品还通过竖向插孔用连接棒进行定位(如优凝舒布洛克砌块),有的通过自嵌定位(如荣勋砌块),均可称为自嵌式挡墙。

郑炳寅[35]介绍了优凝舒布洛克自嵌式景观挡墙的工程特点及优势、施工工艺以及在施工过程中的注意事项。王锭一[36]通过对自嵌式挡墙墙体的应力、应

图 3.1.5　混凝土预制块生态挡墙

图 3.1.6　加筋的混凝土预制块生态挡墙

变、沉降、变形观测分析研究后得出的相关结论表明,自嵌式挡墙允许墙体较大的沉降与变形而不影响工程质量。张学臣[37]分析了该类挡墙的失稳特征,讨论了失稳原因,总结出该类挡墙在设计和施工方面应注意的问题,并介绍了治理方案和加固措施。臧群群[38]结合自嵌式挡墙在广州市海珠区调水补水工程河涌连通段中的实践,指出施工工艺的关键,从施工工艺和质量控制两方面进行探索和总结,保证了工程质量和工期。施建军[39]认为舒布洛克干垒块加筋挡墙,是填土、拉筋、舒布洛克干垒块三者的结合体;填土和拉筋之间的摩擦力改善了土的物理性质,使得填土与拉筋结合成为一个整体,共同抵抗土的侧压力;干垒块独特的后缘结构提高了墙体的抗剪切能力,同时墙体向后形成坡度,重心朝回填土方向后移,提高了其抗倾覆能力。李尚革[40]通过与传统混凝土挡墙、浆砌石挡墙相比,认为自嵌式植绿挡墙环保生态优势明显,施工便捷,造价费用处于合理水平,但会因挡墙高度和地区材料差异而有所不同。王勇[41]将自嵌式植绿挡墙应用于栗水河治理中,认为自嵌式植绿挡墙具有友好生态性、施工便捷性、经济性及综合效益好等特点,从设计角度阐述了自嵌式植绿挡墙的可行性;工程实施后,稳定了栗水河岸坡,具有良好的生态景观效果。

可见,混凝土预制块生态挡墙因其施工方便而在工程上应用较广,但其应用高度受限制,一般常用于高度 5 m 以内的岸坡防护。

3.1.3　生态袋挡墙

生态袋挡墙是由使用一定填充料填充的生态袋构筑的挡墙,属于重力式挡墙(图 3.1.7)。它具有一定的柔性,可以通过一定的变形减小墙后的土压力,增加挡墙的安全性[42]。

 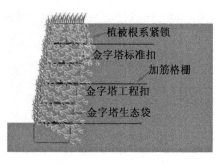

植被根系紧锁

金字塔标准扣

加筋格栅

金字塔工程扣

金字塔生态袋

(a) 生态袋挡墙　　　　　　　　(b) 生态袋挡墙结构示意

图 3.1.7　生态袋挡墙及结构示意图

生态袋是由聚丙烯或者聚酯纤维为原材料制成的双面烧结针刺无纺布加工而成的袋子,实际上就是一种土工袋(图 3.1.8)。施工时,就地取材,将原材料拌和均匀后入袋,边装边垒。上下层生态袋间用连接扣连接,当挡墙较高时,还可设置加筋格栅,以增强结构稳定性。

土工袋技术开始运用于堤岸工程是在 20 世纪 50 年代,荷兰鹿特丹最早将土工编织袋大规模运用于工程中[43]。自 1955 年开始,持续 30 多年,荷兰人为

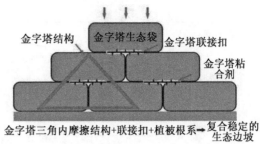

（a）生态袋　　　　　　　　　　　　　（b）生态袋相互连接

图 3.1.8　生态袋及其相互连接示意图

了抵御海啸冲击,用土工编织袋修建大规模海坝堤岸工程,并取得了很好的效果。但土工袋在我国应用得较晚[44]。国内外学者对生态袋挡墙的结构性能、抗震性能、袋内充填物、加筋技术进行了大量的研究工作。Vargin[45]通过实验,对离挡墙墙背不同距离连续超载作用下的土压力分布规律做了探究。乔丽平[46]认为加筋土工袋具有提高地基承载力、减小车辆产生的振动影响、防止寒冷地区地基冻胀、建筑废弃物再利用以及施工简单无噪声污染等优点。刘斯宏[47]认为土工袋不仅强度高而且还具有很好的稳定性,其抗震性包括单体的抗震稳定性和组合的抗震稳定性。孙见松[48]以碎石作为充填物制作的生态袋具有独特的优点,不仅施工简单、经济效益好,而且为多碎石地区提供了一种新的挡墙设计方法。

　　生态袋里是没有种子的,生态特性表现为绿色的外表。若想生长植物,需要另行种植。若在生态袋上粘种子、肥料、保水剂、土壤改良剂等,则就形成了植生袋,更具有生态特性[49]。

　　生态袋挡墙使用寿命受制于生态袋抗老化能力,一般常用于高度 5 m 以内的岸坡防护。

　　混凝土挡墙、浆砌石挡墙、混凝土预制块、格宾石笼、生态袋等生态挡墙优缺点如表 3.1.1 所示。

表 3.1.1　常用挡墙特点比较表

挡墙类型	优点	缺点	备注
混凝土挡墙	技术成熟,安全可靠,经济适用,节省用地,原材料易于获取,施工方便,施工质量易于控制,造价较低	属刚性支护,不能生长植物,缺乏生态性;更为甚者,对不小心落水者,没有脚蹬手抓之处,难以自救或互救,也为岸边施救者增加难度	传统的结构型式之一,目前应用广泛

挡墙类型	优点	缺点	备注
浆砌石挡墙	造价低,较为环保	属刚性支护,不能生长植物,缺乏生态性,不小心落水者难以自救	传统的结构型式之一,目前应用较广泛
格宾石笼生态挡墙	具有生态性,落水者可自救	造价高,耐久性及安全可靠性尚需长期实践来验证	属新型生态挡墙型式
混凝土预制块生态挡墙	具有生态性,落水者可自救	造价高,特别是附近没有预制厂时,长距离运输成本高	属新型生态挡墙型式
生态袋挡墙	具有生态性,落水者可自救	造价高,生态袋易破损,耐久性不佳	属新型生态挡墙型式

因此,寻找既具有生态性、造价适中又安全可靠的挡墙尤为重要及迫切。对新建挡墙,需提出植绿生态挡墙结构型式。对既有混凝土挡墙,需提出生态改造措施。

3.2 植绿生态挡墙的结构及稳定性

3.2.1 植绿生态挡墙的结构及特点

植绿生态挡墙为一种具有生态性及落水者自救性的多功能挡墙[50],将解决生态挡墙造价高、传统挡墙缺乏生态性的技术难题,主要创新思想是在传统挡墙外侧增加种植槽,形成具有一定景观效果的生态挡墙。它充分利用了传统挡墙结构稳定、经久耐用、节省用地、造价适中、方便运行管理等优点。这种挡墙具有以下特点[51](图3.2.1)。

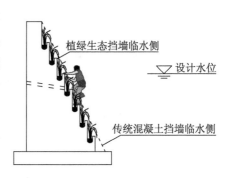

图3.2.1 植绿生态挡墙剖面图

（1）有利于不幸落水者自救。传统河岸直立挡墙外侧陡峭、光滑,不幸落水者难以攀爬上岸。外侧墙面适当放缓并增加种植槽后,为落水者提供了手抓足蹬之处,或自救上岸,或等待救援,大大增加生还希望。

（2）有利于岸上人员施救。陡峭光滑直立墙壁无疑增加岸上营救人员的施救难度,如稍不注意,就有跌入水中的危险。

（3）有利于动植物生长。水草等植物可在种植槽中生长，鱼虾等动物亦可在其中产卵、栖息。

（4）美化生态环境。在种植槽内种植合适种类的花草，可大大增强景观效果。

（5）应用范围广。可采用传统挡墙之外，均可采用植绿生态挡墙。既适用于新建挡墙，也适用于对既有挡墙的改造。既可用于水利河道整治，也可用于公路、铁路等其他行业。

（6）造价适中，与传统挡墙相当。

以墙高 5.65 m、顶宽 1.0 m、底宽 5.335 m 的混凝土挡墙为例（如图3.2.2），取纵向长度 1 m 计算，各项数据比较详见表 3.2.1。

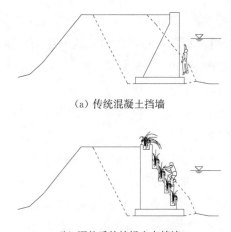

（a）传统混凝土挡墙

（b）调整后的植绿生态挡墙

图 3.2.2　方案调整前后对比

表 3.2.1　传统混凝土挡墙与植绿生态挡墙比较表

挡墙类型	模板（m²）	混凝土（m³）	造价（元）	备注
传统混凝土挡墙	14.267	14.465	7 945.85	1. 钢模板按 50 元/m²，混凝土按 500 元/m³ 计；2. 相当于每方混凝土仅增加 6.63 元
植绿生态挡墙	16.154	14.468	8 041.70	
绝对增量比较	1.887	0.003	95.85	
相对增量比较	13.2%	0.02%	1.2%	

（7）安全优势。在传统常用挡墙基础上改进，理论成熟，施工方便，实践丰富。

（8）效益显著，性价比高。它充分体现以人为本的理念，生态效益、经济效益、社会效益、景观效果都非常明显。

3.2.2 植绿生态挡墙施工方法

3.2.2.1 槽壁与挡墙混凝土同时浇筑

当混凝土种植槽与挡墙混凝土一起浇筑时,槽壁厚可按式(3.2.1)计算[52]。

$$d = \sqrt{\frac{3k\gamma_w v^2}{[\sigma]g} \cdot \frac{1-\cos\theta}{\sin\theta}} \cdot H_0 \qquad (3.2.1)$$

式中:d——种植槽壁厚;

$\quad k$——绕流系数,0.7~1.0,一般取1.0;

$\quad \gamma_w$——水的容重;

$\quad v$——靠近挡墙种植槽壁处的水流断面平均流速,可按压缩断面的平均流速考虑,也可近似取种植槽河道水流的平均流速;

$\quad \theta$——水流冲击方向与挡墙种植槽的夹角;

$\quad [\sigma]$——混凝土材料允许拉应力;

$\quad g$——重力加速度;

$\quad H_0$——种植槽壁高度。

为抵抗水流冲刷、降低施工成本,混凝土种植槽壁厚 d 不宜小于 10 cm 且不宜大于 15 cm。浆砌砖种植槽壁厚不宜小于 12 cm 且不宜大于 20 cm,浆砌石种植槽壁厚不宜小于 30 cm 且不宜大于 40 cm。种植槽壁高度 H_0 可取 40~50 cm,相邻上下两排槽距可取 60~100 cm,这一高差有助于不幸落水者攀爬上岸。对于干旱少雨或景观要求高的地方,需要后期维护,可在槽内设置带墒情监测的自动灌溉系统,以保证槽内植物正常生长[53]。受水流的冲刷,种植槽内部分土及养分会被带走,但水流同时也带来养分。由于种植槽被植物覆盖,这种交换相对比较弱,也可采取铺塑料膜的方式予以减轻。经过上述植绿改造,在挡墙临水侧可达到植被全覆盖的生态效果。

某中小河治理工程位于粤北山区,河床坡降大,汛期河水暴涨暴落,河水挟杂着块石、木头,对两岸堤防的冲击破坏力很大。桩号 K3+250—K3+680 段长430 m,为迎流顶冲段,河岸掏空严重,拟采用墙面直立的重力式混凝土挡墙。由于传统混凝土挡墙缺乏生态性,且不方便落水者自救,因此,拟将传统重力式混凝土挡墙改为临水侧带种植槽的植绿生态挡墙。

根据地质资料,挡墙地基为砂质黏土,压缩性低,地基承载力为 120 kPa。10 年一遇洪水标准时水流流速为 3.8 m/s,挡墙处水深为 2.4 m,故该挡墙属于

5 级建筑物,墙高 5.65 m,迎流顶冲段水流以 60°～75°角冲击挡墙面(图 3.2.3)。

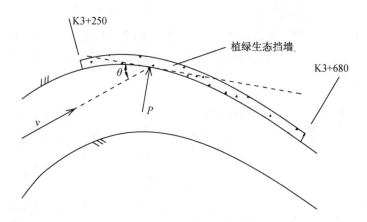

图 3.2.3 植绿生态挡墙受水流冲击示意图

将原方案临水侧的直立外墙改为坡比 1：0.53 的斜面,初拟种植槽净高 H_0 为 0.4 m。

根据实际情况,取 $\theta=75°$,$v=3.8$ m/s,$k=1.0$,$[\sigma]=1\ 100$ KPa,$H_0=0.4$ m,$\gamma_w=10$ kN/m³,代入式(3.2.1),可计算得 $d=0.069$ m。为方便施工,取 $d=10$ cm,经反算,此时可承受 5.5 m/s 的流速。

考虑到挡墙高度、植物生长特性及方便落水者攀爬上岸,设 4 排平底种植槽,$D_0=0.3$ m,$H_1=0.76$ m,$d=10$ cm。种植槽及挡墙顶花槽均设排水孔。覆土种植植物之后,可在临水侧形成植被全覆盖的生态景观(图 3.2.2)。种植槽各参数列于表 3.2.2 中。

表 3.2.2 种植槽各参数取值

水流与挡墙夹角(°)	河水流速(m/s)	槽净宽(m)	槽壁高(m)	相邻槽距(m)	槽壁厚(m)	墙面综合坡比
75	3.8	0.3	0.4	0.76	0.1	1：0.53

3.2.2.2 先阶梯后槽壁方法

对于整体浇筑的混凝土挡墙及槽壁,已提出混凝土挡墙生态种植槽壁厚度确定及现场整体浇筑方法,但施工单位反馈槽壁立模较为麻烦,影响工程进度。经调研,提出先阶梯后砌筑槽壁的施工方法[54]。由于涉及工程断面、施工质量、施工进度及工程造价,在以前工作的基础上,研究阶梯及砖砌体槽壁尺寸设计是必要的。

　　将传统混凝土及浆砌石挡墙陡立的临水侧，改进为阶梯式外墙(图 3.2.4)。当阶梯施工完毕达到设计强度后，在阶梯外沿设置砌体矮墙，形成数排长条形种植槽。与整体浇筑种植槽相比，阶梯式挡墙立模较简单，浇筑混凝土较方便。为养护植物，增加水肥，槽内可布设浇灌水管、浇灌软管、灌水器等设施[55]。

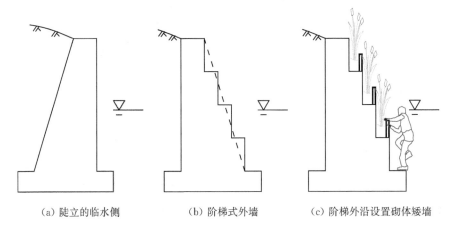

(a) 陡立的临水侧　　　　(b) 阶梯式外墙　　　　(c) 阶梯外沿设置砌体矮墙

图 3.2.4　阶梯式生态挡墙

　　阶梯高度 H_1 以方便落水者攀爬上岸为宜，一般为 $80 \sim 100$ cm(图 3.2.5)。阶梯宽度 B_0 一般为 $40 \sim 60$ cm，砌筑种植槽壁后，槽净宽 D_0 不宜小于 30 cm，以便于植物生长、动物栖息。临水侧墙面坡比以 $1 : 0.4 \sim 1 : 0.6$ 为宜，若坡度过缓，可方便地布置种植槽，但将增大挡墙断面；若坡度过陡，虽可缩小挡墙断面，但相邻槽距过大，植绿后生态效果不理想。有条件时，尽量采用仰斜式挡墙，则可大大减小断面尺寸，降低工程造价[56]。

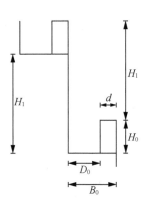

图 3.2.5　单元种植槽示意图

　　阶梯式生态挡墙混凝土浇筑完毕达到设计强度后，在阶梯外沿砌筑槽壁。沿水流方向，每隔 $3 \sim 5$ m，在槽内设置一道隔墙，形成单元种植槽，以增加砌体槽壁抗水流冲刷性能。为方便植物生长，槽壁高度 H_0 一般可取 $40 \sim 50$ cm。由于砌体槽壁结构强度远低于整体浇筑的混凝土槽壁，槽壁厚度 d 是一个关键参数。若槽壁太薄，虽可节约本不宽裕的阶梯面积，但自身稳定性难以满足要求；若槽壁太厚，就必须加大阶梯宽度，从而放缓挡墙外侧坡度，增大挡墙断面，否则种植槽净宽过窄，达不到植物健康生长的要求。由于受阶梯宽度、挡墙断面、挡墙面坡比及槽壁自身稳定性等诸多条件的限制,研究影响砌体槽壁厚度变化的内在因素及尺寸优化是必要的。下面取一排单元种植槽壁作为研究对象,在平行水流方向上截取单位长度,分水下、水上两种工况来考察其受力情况。

对于处于水下的单元种植槽,受河流的冲击力、静水压力、槽内土压力、槽壁自重力、落水人员活动荷载等作用。其中,水流的冲击力对槽壁影响最大。种植槽壁所受的水流冲击压力 p 为[57]:

$$p = k \cdot \gamma_w \cdot \frac{v^2}{g} \cdot \frac{1-\cos\theta}{\sin\theta} \qquad (3.2.2)$$

式中:p——种植槽壁受水流冲击压力;

k——绕流系数,0.7~1.0,一般取1.0;

γ_w——水的容重;

g——重力加速度;

θ——水流冲击方向与挡墙种植槽的夹角;

v——靠近挡墙种植槽壁处的水流断面平均流速,可按压缩断面的平均流速考虑,也可近似取种植槽河道水流的平均流速。

沿挡墙纵向取单位宽度,则种植槽壁相当于悬臂梁,而两侧静水压力相互抵消(图3.2.6),种植槽壁基座处 AB 截面的弯矩 M 为

$$M = \frac{1}{2}pH_0^2 - \frac{1}{6}\gamma_t'K_aH_0^3 \qquad (3.2.3)$$

式中:H_0——种植槽壁高度;

K_a——种植槽内填土的主动土压力系数,$K_a = \tan^2(45^0 - \varphi/2)$,$\varphi$ 为填土内摩擦角;

γ_t'——土体的浮容重。

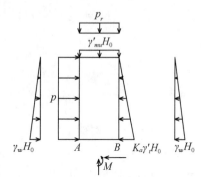

图 3.2.6 水下种植槽受力图

由于砖砌体抗拉强度较低,且水流冲击压力远大于槽内土压力,图3.2.6中最危险点位于种植槽壁基座处缘 A 点,则 A 点拉应力 $\sigma_{A\max}$ 为:

$$\sigma_{A\max} = \frac{M}{W_z} - \gamma_{mu}'H_0 - p_r \leqslant [\sigma] \qquad (3.2.4)$$

$$W_z = \frac{1}{6}d^2B \qquad (3.2.5)$$

式中：W_z——抗弯截面模量；

B——单位长度，取 1；

γ'_{mu}——种植槽壁砖砌体的浮容重；

p_r——人员活荷载；

d——种植槽壁砖砌体厚度；

$[\sigma]$——砖砌体沿齿缝弯曲抗拉的允许拉应力。

联立式(3.2.2)—式(3.2.5)，则种植槽壁砖砌体最小厚度 d_1 为

$$d_1 = \sqrt{\dfrac{3k\gamma_w v^2 \cdot \tan\dfrac{\theta}{2} - \gamma'_t K_a H_0 g}{([\sigma] + \gamma'_{mu} H_0 + p_r)g}} \cdot H_0 \qquad (3.2.6)$$

对于处于水上的单元种植槽，此时临水侧没有水流压力与静水压力。最不利的情况是，河水位下降期种植槽内土体饱和。由于槽底设有排水孔，可及时排出槽内水体，渗透力可忽略不计。

种植槽壁最危险点位于图 3.2.7 中的 B 点。此时，种植槽壁基座处 AB 截面的弯矩 M 为

$$M = \frac{1}{6}\gamma'_t K_a H_0^3 + \frac{1}{6}\gamma_w H_0^3 \qquad (3.2.7)$$

式(3.2.4)改写为

$$\sigma_{B\max} = \frac{M}{W_z} - \gamma_{mu} H_0 - p_r \leqslant [\sigma] \qquad (3.2.8)$$

式中：γ_{mu}——种植槽壁砖砌体天然容重。

联立式(3.2.5)、式(3.2.7)、式(3.2.8)，则水上单元种植槽壁砖砌体最小厚度 d_2 为

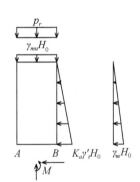

图 3.2.7　水上种植槽受力图

$$d_2 = \sqrt{\dfrac{\gamma'_t K_a H_0 + \gamma_w H_0}{[\sigma] + \gamma_{mu} H_0 + p_r}} \cdot H_0 \qquad (3.2.9)$$

式(3.2.6)、式(3.2.9)的较大值即为单元种植槽壁的最小厚度。

考察式(3.2.6)与式(3.2.9)可知，分母中 $[\sigma] \gg \gamma'_{mu} H_0 + p_r$，$[\sigma] \gg \gamma_{mu} H_0 + p_r$，后面两项可忽略不计，因此，槽壁高度 H_0 越大，需要的槽壁 d 就越厚，槽壁厚度 d 与阶梯宽度 B_0 无关，也与墙面坡度无关，这与直观结论是一致的。

从式(3.2.6)可知，对于水下种植槽，水流与挡墙壁夹角 θ 越大，速度 v 越大，需要的槽壁 d 就越厚。当河道顺直，夹角为 0 时，根号内出现负值，则相当于

水上受力情况,危险点由 A 点向 B 点转移。同理,当水流速 v 减小到某一数值时,即 $v \leqslant \sqrt{\gamma'_t K_a H_0 g / \left(3k\gamma_w \tan \dfrac{\theta}{2}\right)}$ 时,d_1 将减小到为 0,甚至负值。因此,更为严格地,式(3.2.6)应改为

$$d_1 = \sqrt{\frac{3k\gamma_w v^2 \cdot \tan \dfrac{\theta}{2} - \gamma'_t K_a H_0 g}{([\sigma] + \gamma'_{mu} H_0 + p_r)g} \cdot H_0} \qquad (3.2.10)$$

砌体弯曲允许拉应力 $[\sigma]$ 对槽壁厚度 d 影响较大,而砌体弯曲允许拉应力与砌块类型、砌块强度、砂浆黏结强度、砌筑方式、施工质量关系密切。混凝土多孔砖砌体的弯曲抗拉强度试验平均值低于黏土实心砖砌体的弯曲抗拉强度平均值,但高于混凝土空心砌块砌体[58]。此外,还可考虑添加外加剂来提高砂浆黏结强度,进而提高 $[\sigma]$ 的取值[59-60],以减少槽壁厚度,增加种植槽净宽。

3.2.3　生态挡墙边坡整体稳定性分析

边坡灾害防治一直是工程领域值得关注的问题,主要破坏形式为滑坡。按滑动体的厚度可以分为深层滑坡和浅层滑坡。针对浅层滑坡治理,传统的措施主要为浆砌片石护坡、干砌石护坡、喷射混凝土、灰浆抹面、锚喷护面等。随着我国经济社会发展程度越来越高,生态理念越来越为人们所追求。在边坡整治领域,传统护坡技术对环境和景观具有较大的破坏作用。近年来,因同时具备生态功能和工程所需的防护功能,植物固坡技术得到普遍的关注,在各类工程边坡防护中得到了一定应用。安然等[61]采用经典的 WU 模型对植被附加凝聚力进行计算,并分析了不同类型根系对边坡稳定的影响;卜宗举[62]则研究植被浅层不同方向的根系对边坡的加筋效果;陈昌富等[63]针对草根加筋土进行室内三轴试验研究,相对于素土,草根加筋土的抗剪强度指标均有不用程度加强。在选用不同草本植物进行固土方面,程洪[64]通过试验测定得到包括香根草根系在内的 7 种草本植物根系的平均抗拉强度,香根草根系的抗拉强度最大,固土性能最优;余能海等[65]对香根草等四种根系土体进行直剪试验,并用数值模拟方法计算河堤岸坡稳定,显示香根草固坡的效果最好。因此,在借鉴植物固坡技术的基础上,提出一种以香根草作为固土植物的生态型挡土墙,采用极限平衡理论分析植物根系作用下挡土墙整体稳定情况,以期为相关工程设计提供指导。

1) 根系固土力学机理

目前,针对植物根系固土作用力学机理的研究主要分为两类。一类是将根

系和土看成一个复合体,根系对土体起到加筋作用,复合体改变了土的力学性能,提高了土体的抗剪强度[66];另一类是把根系和土分开看待,考虑的是根系的抗拉强度和土对根系的摩阻力,两者对土体起到类似于加筋的作用[67]。

(1)附加凝聚力作用

经典的 WU 植被根系固土模型基于摩尔-库伦强度理论,认为植物根系对土体的作用是由于产生了附加凝聚力的结果[68]。基于摩尔-库仑理论的根土复合体的抗剪强度表达式见式(3.2.11),用摩尔圆表示如图 3.2.8 所示。

$$\tau = c + c_r + \sigma \tan\varphi \tag{3.2.11}$$

式中:τ——根土复合体的抗剪强度;

　　c——土的凝聚力;

　　c_r——根系产生的附加凝聚力;

　　σ——剪切面的法向应力;

　　φ——土的内摩擦角。

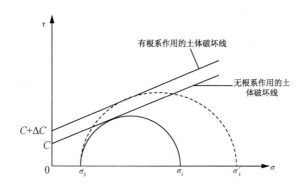

图 3.2.8　考虑根系对土体附加应力前后应力圆对比

附加的凝聚力可以通过式(3.2.12)计算得出。

$$c_r = t_r(\cos\theta\tan\varphi + \sin\theta) \tag{3.2.12}$$

式中:t_r——土体的平均抗拉强度;

　　θ——土体的剪切角;

　　φ——内摩擦角。

(2)"加筋"作用

将根系和土体分开考虑,根土复合体受到外力作用时,土体就会产生剪应力,传递给根系变成拉力。在土压力下,根系与土体间产生了摩阻力,此时起到加筋作用的植物根系可能被拉断或者被拔出。若取一个根土复合的单元进行分析(见图3.2.9),对于dl,土体的上覆层作用于根系的法向力为N,根系与土体的摩擦力为$f(f=\tan\alpha,\alpha$为摩擦角$)$,b为根系密度。可求得摩擦力为

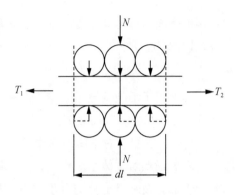

$$\tau = \frac{dT}{2bdl} \quad (3.2.13)$$

图3.2.9 摩擦加筋原理

式(3.2.13)即为植物根系对土体加固作用的摩擦加筋机理。

2) 考虑植物根系固土作用的整体稳定分析

在边坡灾害治理工程中,常采用挡土墙进行支护。传统挡土墙大多为刚性挡土墙,缺少生态性。为了满足对生态环境的需求,越来越多的生态护坡技术被提出。香根草适应性广,在贫瘠的土中也能正常生长,有较强的抗旱耐涝能力,而且根系异常发达,一般可达$2\sim3$ m,最长可达$5\sim6$ m。香根草生长迅速,在土体表面可以形成绿篱[69],其根系形态如图3.2.10所示,不仅可以提高土体表层抗剪强度,同时对较深层土体还起到"加筋"作用。因此,本书以香根草作为固土植物,提出一种在浆砌石挡墙护坡上进行绿色植物固土改造的生态挡墙,显著增加其生态性和安全性,如图3.2.11所示。

图3.2.10 香根草根系形态

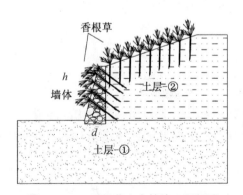

图3.2.11 香根草生态挡墙工程剖面

(1) 根系与土体界面摩阻力分布及计算

根系在土体发生变形时能够提供一定的抗力,随着应变与土体同步发展。

根系的表面摩擦力是上覆应力、摩擦系数 f、土的内摩擦角 φ 和界面因子的函数，其黏结抗力为

$$黏结抗力(F/L^2)=(f+上覆应力\times\tan\varphi)\times界面因子$$

界面因子反映的是根系与土摩擦的折减情况，界面因子＝1表示单面摩擦，界面因子＝2表示双面摩擦。

（2）考虑根系对土体加筋作用的稳定分析方法

考虑根系对土体加筋作用，采用圆弧滑动法，滑裂体中土条底面的应力是土条填土部分及地基部分的自重应力，以及根系与土的水平摩阻力产生的附加应力之和。其计算步骤如下：

①建立剖面 x、z 坐标系；

②计算考虑根系作用的挡土墙荷载应力分布和根系与土体水平摩阻力分布；

③假定一个滑弧（圆心和半径），将滑弧内土体分成若干土条（数量 n 条），求出每一条底边中点坐标；

④在每一土条底边中点坐标处，由土体垂直荷载和根系水平摩擦荷载产生的附加应力分量，加上土条自重应力分量计算得到各点的总应力 σ_{xi}，σ_{zi}，τ_{xzi}（i 为土条编号）；

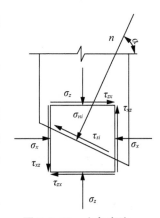

图 3.2.12 土条底边应力分量图

⑤将④中各直角应力分量转换为土条底边沿滑弧法向应力分量 σ_{ni} 及沿滑弧切向应力分量 τ_{si}，见图3.2.12所示。

$$\left.\begin{aligned}
\sigma_{ni} &= \frac{\sigma_{xi}+\sigma_{zi}}{2}+\frac{\sigma_{xi}-\sigma_{zi}}{2}\cos2\alpha_i-\tau_{xzi}\sin2\alpha_i \\
\tau_{si} &= \frac{\sigma_{xi}-\sigma_{zi}}{2}\sin2\alpha_i+\tau_{xzi}\cos2\alpha_i
\end{aligned}\right\} \tag{3.2.14}$$

式中：α_i——通过土条底边中点的滑弧半径与水平线的夹角。

⑥根据简化的 Bishop 法求上述滑弧的稳定安全系数。

$$F_s = \frac{\displaystyle\sum_{i=1}^{n}(c_il_i+\sigma_{ni}l_i\tan\phi_i)/m_{\alpha i}}{\displaystyle\sum_{i=1}^{n}\tau_{si}l_i} \tag{3.2.15}$$

式中：$m_{\alpha i}=\cos\alpha_i+\dfrac{\sin\alpha_i\tan\phi_i}{F_s}$；

l_i——第 i 条土条底（滑弧）的弧长；

c_i——第 i 条土条的黏聚力；

ϕ_i——第 i 条土条的内摩擦角。

⑦重复①—⑥步骤，确定最危险滑弧位置和相应的最小稳定安全系数 $F_{s\,min}$。

3）工程实例

（1）计算参数

某边坡采用浆砌石挡墙作为护坡，墙高 $h=3$ m，墙顶厚 0.4 m，墙底厚 0.8 m。香根草植株间距约 0.5 m，计算中对根系加筋作用进行简化处理，香根草作为护坡植物，根系可达 2～3 m 深，根系采用只受拉、不受压的柔性杆件来模拟。首先要确定香根草根系的等效力学参数。本例按多年生香根草根系偏安全考虑，主根有效根长取 1.5 m。张春晓等[70]通过对香根草根进行抗拉试验，给出了香根草单根根系不同直径的抗拉拔力。因此，计算得到每株（按 10 根 1 mm 直径根系）平均能提供抗拉力 $F=2$ kN。综合前人试验研究成果[65,71]，对香根草的接触面黏结力和黏结角分别取 40 kPa 和 23.8°。土体遵循 Mohr-Coulomb 破坏准则，挡墙其他部分计算参数取值如表 3.2.3 所示，概化的几何模型如图 3.2.13 所示。

表 3.2.3　计算参数表

参数	土层①	土层②	墙体
重度(kN/m³)	18	18	24
黏聚力(kPa)	20	12	100
内摩擦角(°)	23	20	45
根系有效长度(cm)	150		
根系有效直径(cm)	1		
根-土接触面黏结力(kPa)	48		
根-土接触面黏结角(°)	23.8		

（2）计算结果与分析

对挡墙种植香根草前后进行分析，以期获得香根草根系的固土效果。根据前述分析，种植香根草后，根系对土体存在"加筋"和附加凝聚力作用。对这两种作用分别或综合考虑，分析根系固土的效果。

①种植香根草前

挡墙未种香根草进行固土护坡，其稳定计算结果见图 3.2.14，滑动面优化

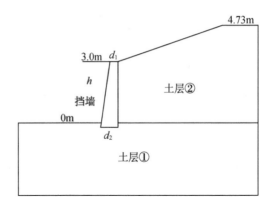

图 3.2.13　计算几何模型

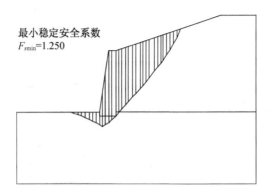

图 3.2.14　种植香根草前挡墙整体稳定性

后(比常规的圆弧滑面得到的安全系数更小)的最小安全系数为 1.250,滑动面从挡土墙底部经过,说明滑动形式是合理的。

②考虑附加凝聚力的影响

根据前述分析,土中根系通过增加土体的摩擦提高了土壤的凝聚力,综合考虑植株密度、根系分布等情况,参考欧阳前超[72]的试验研究成果和式(3.2.13)计算结果,附加凝聚力 C_r 取 7 kPa,仅作用于土层表面以下 1.5 m 深度范围内。由图 3.2.15 可以看出,考虑附加凝聚力作用后,最小安全系数为 1.343,相对未种草前提升了 7.4%。稳定系数的提高是因为部分滑弧穿过附加凝聚力区域,该区域土体的抗剪强度更高。

③考虑香根草的加筋作用

对薄壁挡土墙进行改造并种植香根草,香根草通过根系对表层土体存在"加筋"作用,其整体稳定性计算结果如图 3.2.16 所示。最小稳定安全系数 $F_{s\min}=$

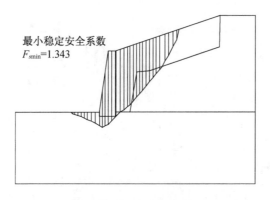

最小稳定安全系数
$F_{s\min}=1.343$

图 3.2.15　香根草根系的附加凝聚力作用

1.282,比未种草前提高了 2.6%,说明香根草根系对土体加筋固土效果的提升作用不大,这是因为香根草根系较细,抗拉强度有限,并且根系较短仅分布在表层土体。由图 3.2.16 可以看到,仅有 2 根根系对整体稳定系数的提高起了作用,所以固土效果并不明显。

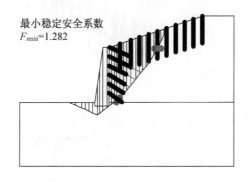

最小稳定安全系数
$F_{s\min}=1.282$

图 3.2.16　考虑香根草根系"加筋"作用的挡墙整体稳定性结果

④同时考虑根系对土体的附加凝聚力和加筋作用

若同时考虑香根草根系对土体的附加凝聚力和加筋作用,计算结果如图 3.2.17 所示,最小稳定安全系数 $F_{s\min}=1.390$,比未种草前提升 11.2%。由前述可知,最小安全系数的提升的贡献主要来自香根草根系增加了土体的附加凝聚力。

⑤考虑深层滑动

同时考虑香根草根系的附加凝聚力和"加筋"作用,模拟土体的深层滑动,最小稳定安全系数 $F_{s\min}=1.333$,滑动破坏情况如图 3.2.18 所示。由图可以看出,有根系固土作用的区域基本被包含在了滑体中(虚线表明根系起作用时应该

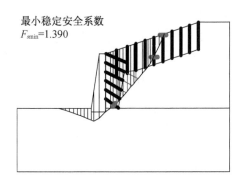

图 3.2.17 同时考虑两种固土作用的结果

达到的长度),根系对土体的附加凝聚力和"加筋"作用不大。这是由于根系作用的范围仅为表层土体,在深层滑动的情况下,是无法发挥固土效果的。此时,应增加土钉、锚杆等传统固坡手段,提高整体安全系数。

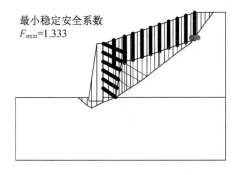

图 3.2.18 考虑深层滑动情况

综上所述,植物固坡技术作为边坡防护和治理的一种重要的辅助措施,对于提高土坡整体浅层滑动稳定性有一定的作用。香根草作为一种固坡植物,在固土护坡方面有很多优点,在挡墙绿化、增强生态性、提高安全性方面有着较强的优势,但香根草的根系长度、强度等方面均存在不足。因此,本书通过建立基于香根草固土护坡的生态型挡墙模型,分析其根系对提高挡墙整体稳定性的效果,得到一些可供工程参考的结论。

(1)香根草的根系通过提高土体的凝聚力来增强土体的抗剪强度,同时还对土体起到"加筋"作用,对提高挡墙的整体稳定性有一定的效果。分别对附加凝聚力和"加筋"作用进行分析,附加凝聚力作用将本书举例的挡墙整体稳定系数提升 7.4%,"加筋"作用将整体稳定系数提升 2.6%,同时考虑两者的作用,提升 11.2%。可以看出附加凝聚力对固土的贡献更大。

（2）由于香根草自身的一些缺陷，其根系对挡墙整体稳定性的提升作用有限，对提升深层滑动稳定性作用不明显。因此，建议工程中将香根草等植物固坡手段作为边坡护坡治理的一种辅助措施，实际应用中应与土钉、锚杆等工程措施结合使用，达到改善生态环境和减少工程投资的目的。

3.2.4　植绿生态挡墙稳定性分析

根据现行水工挡墙设计规范[73]及堤防工程设计规范[74]，主要计算植绿生态挡墙基底应力、抗滑稳定性、抗倾覆稳定性、地基整体稳定、地基沉降变形、冲刷深度等。

（1）植绿生态挡墙基底应力按式（3.2.16）计算：

$$P_{\max,\min} = \frac{\sum G}{A} \pm \frac{\sum M}{W} \tag{3.2.16}$$

式中：$P_{\max,\min}$——挡墙基底应力的最大值或最小值；

$\sum G$——作用在挡墙上全部垂直于水平面的荷载；

$\sum M$——作用在挡墙上的全部荷载对于水平面平行前墙墙面方向形心轴的力矩之和；

A——挡墙基底面的面积；

W——挡墙基底对于基底面平行前墙墙面方向形心轴的截面矩。

（2）土质地基上植绿生态挡墙沿基底面的抗滑稳定安全系数，按式（3.2.17）或式（3.2.18）计算：

$$K_c = f \frac{\left(\sum G\cos\alpha + \sum H\sin\alpha \right)}{\sum H\cos\alpha - \sum G\sin\alpha} \tag{3.2.17}$$

$$K_c = \frac{\tan\phi_0 \left(\sum G\cos\alpha + \sum H\sin\alpha \right) + c_0 A}{\left(\sum H\cos\alpha - \sum G\sin\alpha \right)} \tag{3.2.18}$$

式中：K_c——挡墙沿基底面的抗滑稳定安全系数；

f——挡墙基底面与地基之间的摩擦系数；

ϕ_0——挡墙基底面与土质地基之间的摩擦角；

$\sum H$——作用在挡墙上全部平行于基底面的荷载；

c_0——挡墙基底面与土质地基之间的黏结力；

α——基底面与水平面的夹角。

（3）岩石地基上植绿生态挡墙沿基底面的抗滑稳定安全系数，按式（3.2.19）计算：

$$K_c = \frac{f'\left(\sum G\cos\alpha + \sum H\sin\alpha\right) + c'A}{\sum H\cos\alpha - \sum G\sin\alpha} \qquad (3.2.19)$$

式中：f'——挡墙基底面与岩石地基之间的抗剪断摩擦系数；

c'——挡墙基底面与岩石地基之间的抗剪断黏结力。

（4）植绿生态挡墙抗倾覆稳定安全系数按式（3.2.20）计算：

$$K_0 = \sum M_V / \sum M_H \qquad (3.2.20)$$

式中：K_0——挡墙抗倾覆稳定安全系数。

（5）由于挡墙底板以下的土质地基和墙后回填土两个部分连在一起，土质地基上植绿生态挡墙的地基整体抗滑稳定性计算的边界条件比较复杂，一般属于深层抗滑稳定性问题。因此，可采用瑞典圆弧法进行计算。当土质地基持力层内夹有软弱土层时，还应采用折线滑动法（复合圆弧滑动法）对软弱土层进行整体抗滑稳定性验算，可参考文献[75]、[76]。

（6）土质地基沉降可只计算最终沉降量，并考虑相邻结构的影响，按式（3.2.21）计算：

$$S_\infty = m_s \sum_{i=1}^{n} \frac{e_{1i} - e_{2i}}{1 + e_{1i}} h_i \qquad (3.2.21)$$

式中：S_∞——最终地基沉降量；

n——地基压缩层计算深度范围内的土层数；

e_{1i}——基底面以下第 i 层土在平均自重应力作用下，由压缩曲线查得的相应孔隙比；

e_{2i}——基底面以下第 i 层土在平均自重应力加平均附加应力作用下，由压缩曲线查得的相应孔隙比；

h_i——基底面以下第 i 层土的厚度；

m_s——地基沉降量修正系数，可采用 1.0～1.6（坚实地基取较小值，软土地基取较大值）。

（7）冲刷深度计算。冲刷深度用以确定植绿生态挡墙基础埋深，许多挡墙失事起因于冲刷深度不足，基础被冲刷、淘空，冲刷深度包括一般冲刷和局部冲刷，按式（3.2.22）—式（3.2.24）计算：

$$h_s = H_0 \left[\left(\frac{U_{cp}}{U_c} \right)^n - 1 \right] \qquad (3.2.22)$$

$$U_{cp} = U \frac{2\eta}{1+\eta} \qquad (3.2.23)$$

$$U_c = \left(\frac{H_0}{d_{50}} \right)^{0.14} \sqrt{17.6 \frac{\gamma_s - \gamma}{\gamma} d_{50} + 0.000\,000\,605 \frac{10 + H_0}{d_{50}^{0.72}}} \quad (3.2.24)$$

式中：h_s——局部冲刷深度(m)；

$\quad H_0$——冲刷处深度(m)；

$\quad U_{cp}$——近岸垂直线平均流速(m/s)；

$\quad U_c$——泥沙起动流速(m/s)；

$\quad U$——行近流速(m/s)；

$\quad d_{50}$——床沙的中值粒径(m)；

$\quad \gamma_s$、γ——泥沙与水的容重(kN/m³)；

$\quad \eta$——水流流速不均匀系数；

$\quad n$——与防护岸坡在平面上的形状有关，$n=1/6 \sim 1/4$。

3.2.5 植绿生态挡墙槽壁尺寸

按前述方法，可得到一组较为实用的种植槽设计数据(表3.2.4)。

表3.2.4 一组较为实用的种植槽设计数据

施工方法	槽净宽 (cm)	槽壁高 (cm)	槽壁厚 (cm)	相邻槽距 (cm)	墙面综合 坡比	墙背 型式
种植槽与墙身混凝土 同步浇筑	30	40	10	80	1：0.5	直立式 仰斜式
先阶梯后砌体槽壁 (浆砌砖)(推荐)	30(阶梯 宽45)	40	15	90	1：0.5	直立式 仰斜式

注：先阶梯后砌体槽壁施工时，15 cm砌体槽壁工程造价仅相当于厚10 cm混凝土槽壁的一半，既方便施工、造价低廉，又满足强度要求，推荐采用。

3.3 既有挡墙生态改造

在既有挡墙临水侧墙面上进行生态改造时，应对拟绿化的墙面进行结构安全评估。

3.3.1　既有挡墙生态改造结构型式

（1）型式一

河道挡墙临水侧墙面常为陡立的混凝土或浆砌石结构，外表面光滑、直立、僵硬，且缺少生态特性，还不利于不幸落水者攀爬上岸。如将这些结构稳定的挡墙拆除重建成生态挡墙，必将耗费巨资，且工期很长，施工期带来诸多不便。若能利用既有挡墙，通过适当改造，增加其生态特性，可充分体现人水和谐共生的治水理念，将是一个很有发展前景的治理思路。结合实用新型专利技术（ZL 201720747501.5，图3.3.1），在既有挡墙外侧，采用锚固式种植槽进行生态改造，赋予既有挡墙生态性能，可克服前述缺点。

这种河道挡墙生态改造技术，就是充分利用既有挡墙，在临水侧墙面上增加种植槽进行植绿，可克服既有挡墙僵硬、单调、陡立的缺点，赋予传统挡墙生态特性，最终在临水侧形成区域全覆盖的生态美景。

经生态改造后的传统挡墙，这里仍然称之为植绿生态挡墙，具有以下特点（图3.3.2—图3.3.3）。

（1）方便不幸落水者自救。既有河岸直立挡墙外侧陡峭、光滑，不幸落水者难以攀爬上岸。现在外侧墙面增加种植槽后，为不幸落水者提供了手抓足蹬之处，或自救上岸，或等待救援，大大增加生还希望。

（2）方便岸上人员施救。陡峭光滑直立墙壁无疑增加岸上营救人员施救的难度，如稍不注意，就有跌入水中的危险。

（3）为动植物生长提供生存空间。鱼虾等水生物可以在种植槽中产卵、栖息、生长。

（4）配合景观设计，增强景观效果。在种植槽内种植合适种类的花草，可大大增强景观效果。

（5）适应性广。既可用于水利河道挡墙，也可用于公路、铁路等其他行业传统挡墙的生态改造。

（6）具有造价优势，施工方便。不需要拆除既有传统挡墙，仅对其墙面进行生态改造，投资小，见效快。

该成果曾入选并参展2019年中国创新创业成果交易会，受到了广泛关注（图3.3.4）。

证书号第6994382号

实用新型专利证书

实用新型名称：一种生态挡墙

发　明　人：袁以美；朱国武；彭守良；袁琰星；陈睿洁；张等菊

专　利　号：ZL 2017 2 0747501.5

专利申请日：2017年06月23日

专利权人：广东水利电力职业技术学院（广东省水利电力技工学校）

授权公告日：2018年02月16日

　　本实用新型经过本局依照中华人民共和国专利法进行初步审查，决定授予专利权，颁发本证书并在专利登记簿上予以登记。专利权自授权公告之日起生效。

　　本专利的专利权期限为十年，自申请日起算。专利权人应当依照专利法及其实施细则规定缴纳年费。本专利的年费应当在每年06月23日前缴纳。未按照规定缴纳年费的，专利权自应当缴纳年费期满之日起终止。

　　专利证书记载专利权登记时的法律状况。专利权的转移、质押、无效、终止、恢复和专利权人的姓名或名称、国籍、地址变更等事项记载在专利登记簿上。

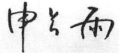

局长
申长雨

2018年02月16日

第1页（共1页）

图 3.3.1　实用新型专利（ZL 201720747501.5）

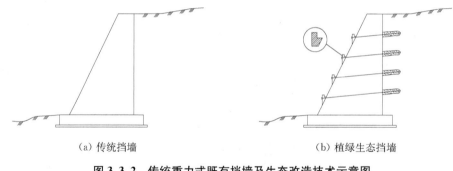

(a) 传统挡墙　　　　　　　　　　　(b) 植绿生态挡墙

图 3.3.2　传统重力式既有挡墙及生态改造技术示意图

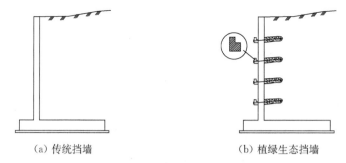

(a) 传统挡墙　　　　　　　　　　　(b) 植绿生态挡墙

图 3.3.3　传统悬壁式既有挡墙及生态改造技术示意图

图 3.3.4　参展 2019 年中国创新创业成果交易会

（2）型式二

以前由于认识的局限，河道护岸仅考虑水利建设的需要，长期以来城市河道护岸建设普遍采用单一的直立式挡墙结构，所用材料大多是混凝土和浆砌石。这些结构破坏了河道的生态功能和河道周边的总体生态平衡，也影响了城市特色空间和形象面貌。近年来，在新的社会发展形势下，全国各个城市对河流进行了大力改造，并逐渐从单纯的水利治水转向景观绿化、水利建设、防污治污等全方位综合治理。

近年来,国家全面推行河长制,落实新发展理念,维护河湖健康生命,要求城市河道要加强生态保护与修复,确保生态良好。如前所述,河道直立式挡墙护岸破坏了河道生态,但城市已有的河道直立式挡墙护岸投资巨大,且为防洪做出了巨大的贡献,不宜拆除。为此,在现有河道直立式挡墙护岸上进行施工难度和破坏性都比较小的生态景观改造,用较小的经济代价营造河道景观生态廊道,与城市绿地构成生物网格,采用植物造景,恢复和提高河道景观活力,同时净化水体,又不影响河道行洪等功能。现结合实用新型专利技术(ZL 201821645697.8,图3.3.5)设计了一种用于河岸挡墙立面的装配式生态景观装置,用于改造现有河道护岸,美化河岸立面。该装置具有结构简单、施工维护方便等优点,且能净化水质,汛期不影响河道行洪,达到提升城市河岸生态和景观属性的目的。

经生态改造后的城市河道传统直立式刚性挡墙具有以下特点(图3.3.6—图3.3.7)。

(1)在已有的河岸挡墙立面上进行改造,通过种植不同盆栽植物,构建河岸绿化景观走廊,解决了现有直立式河岸不美观、生态功能欠缺的问题。

(2)生态景观装置对河岸立面破坏小,且结构简单,具有施工难度小、后期维护方便、改造成本低等特点。

(3)汛期水位上涨,两人配合将长方形植物挂篮用钩子提起至岸边,不影响河道行洪,水位下降后再放回,防止被洪水冲走。

(4)长方形挂篮中的盆栽植物可根据节日需要进行布局,通过摆放顺序形成不同造型。根据季节变化替换植物类别,替换时只要提起至岸边,整盆替换,可快速布置,省时省力。

(5)最下一层种植菖蒲、鸢尾、绿叶美人蕉等挺水植物,具有较强的水体净化能力,能够缓解水体富营养化,同时为鱼类等水生动物提供栖息地。

(3)型式三

近年来,随着国家提出建设生态文明战略和人们生态理念的提升,相关学者提出了很多城市河道生态护岸的设计方法,比如利用植物根系固坡技术,多孔混凝土技术,石笼、生态袋、生态砌块技术等。但生态护岸也存在一定的局限,各种生态护岸形式防护能力较低,而且大多要求河岸为斜坡,占地较大,这在用地紧张的城市难以推广。由于历史原因,目前各城市河道护岸中直立式护岸占据相当大的比例,且大规模进行河道整治需要大量的人力、物力、财力,大范围城市河道护岸重建几乎不可能实行。因此,在现有直立式护岸上进行改造具有重要的现实意义。

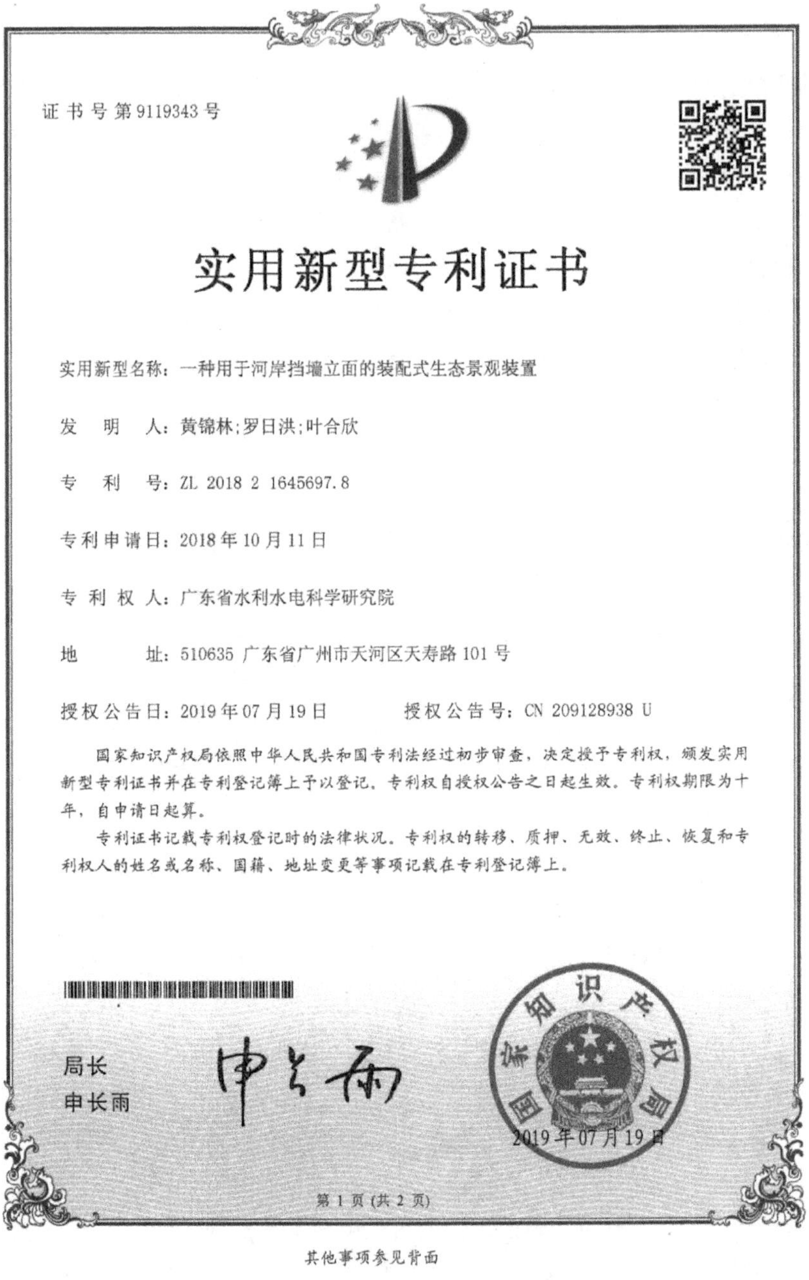

证书号 第9119343号

实用新型专利证书

实用新型名称：一种用于河岸挡墙立面的装配式生态景观装置

发　明　人：黄锦林;罗日洪;叶合欣

专　利　号：ZL 2018 2 1645697.8

专利申请日：2018年10月11日

专 利 权 人：广东省水利水电科学研究院

地　　　址：510635 广东省广州市天河区天寿路101号

授权公告日：2019年07月19日　　　授权公告号：CN 209128938 U

　　国家知识产权局依照中华人民共和国专利法经过初步审查，决定授予专利权，颁发实用新型专利证书并在专利登记簿上予以登记，专利权自授权公告之日起生效。专利权期限为十年，自申请日起算。

　　专利证书记载专利权登记时的法律状况。专利权的转移、质押、无效、终止、恢复和专利权人的姓名或名称、国籍、地址变更等事项记载在专利登记簿上。

局长
申长雨

2019 年 07 月 19 日

第1页(共2页)

其他事项参见背面

图 3.3.5　实用新型专利(ZL 201821645697.8)

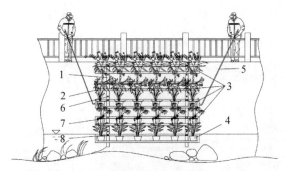

1—扁长形钢条;2—长方形挂篮;3—观叶植物或观花植物;4—挺水植物;5—钩子;6—膨胀螺栓;7—卡口;8—卡座

图 3.3.6　河岸挡墙立面的装配式生态景观装置示意图

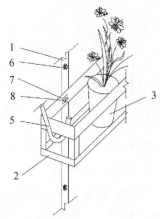

图 3.3.7　河岸挡墙立面的装配式生态景观装置挂篮结构示意图

(图中标记含义见图 3.3.6)

　　上述型式二属于升降式的城市河道直立式挡墙生态改造装置,但为人工提升,在洪水来临时,提升的效率低,且需要耗费大量的人力。为此,本书针对型式二的装置进行了优化设计,开发了一种机械结构,使植物挂篮可以自动升降,大大节省人力,同时提高了提升的效率。

　　经过升降结构优化后的河岸挡墙立面的装配式生态景观装置如图 3.3.7—图 3.3.8 所示。除型式二中所列优点外,经过结构优化设计后,本升降装置在洪水来临时或需要维护植物时,可以通过螺纹机构控制调节放置板位置,快速提起植物挂篮或布设盆栽植物。

　　(4) 型式四

　　外墙直立的混凝土或浆砌石挡墙具有占地少、易于维护等优点,常用于城市

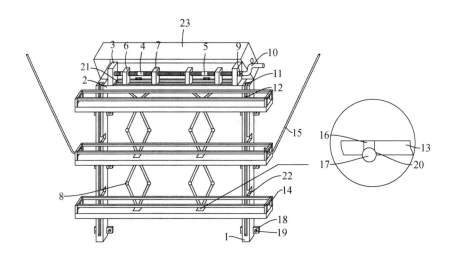

1—固定柱;2—连接板;3—固定板;4—第一转轴;5—第二转轴;6—第一滑板;7—第二滑板;8—伸缩杆;9—锁定机构;10—摇把;11—导向槽;12—导向块;13—放置板;14—护栏;15—挂钩;16—通槽;17—限位杆;18—固定块;19—螺栓;20—限位槽;21—滑槽;22—取出槽;23—保护盒

图 3.3.8 河道挡墙立面可升降生态景观装置结构示意图

河道堤防。但这些硬质支挡结构缺少生态性,光滑而僵硬的外表面减少了河道糙率,增大了水流速度,减少了支流汇入主流的时间,增加了下游河道行洪压力,进而破坏了河道水生物的生存环境。因此,对混凝土或浆砌石挡墙进行生态化改造,具有重要的现实意义。为此,提出一种鱼屋种植槽式生态挡墙及其实施方法,并获得实用新型专利(ZL201921469911.3,图 3.3.9)。鱼屋种植槽能降低河道水流速度,为鱼虾提供栖息空间,同时可在种植槽内种植景观植物,方便不幸落水者沿鱼屋种植槽攀爬上岸或攀附在鱼屋种植槽上等待救援(图 3.3.9)。

鱼屋种植槽式生态挡墙,包括鱼屋种植槽、基座、土工布。鱼屋种植槽由下层鱼屋与上层种植槽构成。鱼屋为无底长方体箱或有底长方体箱,放置在基座上,两侧有鱼虾出入孔。种植槽位于鱼屋上部,且与鱼屋连为一体,槽内充填种植土后可进行景观绿化。种植槽两侧有锚孔,种植槽底部有排水孔,以排除多余的积水。鱼屋种植槽可作为混凝土挡墙生态化改造装置,既可放置于混凝土挡墙墙脚处,也可挂装于挡墙墙面上(图 3.3.10—图 3.3.17)。

证书号第10895507号

实用新型专利证书

实用新型名称：一种鱼屋种植槽式生态挡墙

发　明　人：袁以美；叶合欣；黄锦林；罗日洪；王立华；李就好；李秉晟

专　利　号：ZL 2019 2 1469911.3

专利申请日：2019 年 09 月 03 日

专利权人：广东水利电力职业技术学院（广东省水利电力技工学校）

地　　　址：510635 广东省广州市天河区天寿路 122 号

授权公告日：2020 年 07 月 03 日　　　授权公告号：CN 210900522 U

　　国家知识产权局依照中华人民共和国专利法经过初步审查，决定授予专利权，颁发实用新型专利证书并在专利登记簿上予以登记。专利权自授权公告之日起生效，专利权期限为十年，自申请日起算。

　　专利证书记载专利权登记时的法律状况。专利权的转移、质押、无效、终止、恢复和专利权人的姓名或名称、国籍、地址变更等事项记载在专利登记簿上。

局长
申长雨

第 1 页（共 2 页）

其他事项参见续页

图 3.3.9　实用新型专利（ZL201921469911.3）

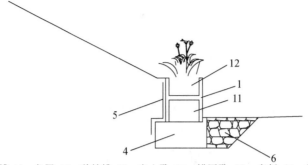

1—鱼屋种植槽;11—鱼屋;12—种植槽;13—出入孔;14—锚固孔;15—底板;16—排水孔;2—挡墙;3—锚钉;4—基座;5—土工布;6—干砌石

图 3.3.10　鱼屋种植槽生态挡墙剖面图

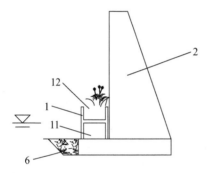

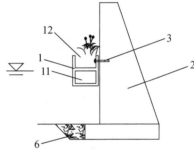

图 3.3.11　安装于墙脚的鱼屋种植　　图 3.3.12　挂装于墙面的鱼屋种植
　　　　　　槽挡墙剖面图　　　　　　　　　　　　　　槽挡墙剖面图
　　　　　　（图中标记含义见图 3.3.10）　　　　　　　（图中标记含义见图 3.3.10）

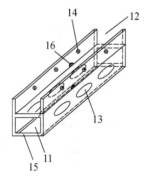

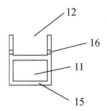

图 3.3.13　带底板鱼屋种植槽结构图　　图 3.3.14　带底板鱼屋种植槽剖面图
　　　　　　（图中标记含义见图 3.3.10）　　　　　　　（图中标记含义见图 3.3.10）

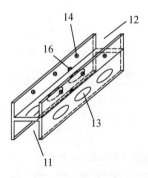

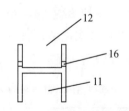

图 3.3.15　不带底板鱼屋种植槽结构图
（图中标记含义见图 3.3.10）

图 3.3.16　不带底板鱼屋种植槽剖面图
（图中标记含义见图 3.3.10）

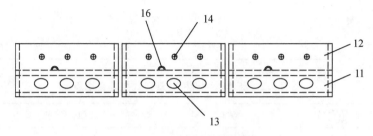

图 3.3.17　鱼屋种植槽正面图
（图中标记含义见图 3.3.10）

3.3.2　既有挡墙生态改造施工方法

既有挡墙生态改造施工方法可按如下步骤进行。

（1）根据挡墙外侧坡度，在预制厂定制合适规格的种植槽，并带有便于锚杆（锚索）穿过的预制孔。

（2）在既有挡墙外侧搭设排架。

（3）在设计位置打锚杆（锚索）孔：定位、钻孔、清孔。

（4）锚杆体制作：截取长度、除锈、防腐。

（5）砂浆制备、注浆。可先压力注浆后插锚杆，也可先插锚杆后注浆。

（6）用起重设备运送种植槽至设定高程，并放置于预设支架上。

（7）张拉锁定锚杆，固定种植槽。当锚固体达到设计强度的 70% 时方可进行张拉锁定锚杆，然后固定种植槽。

（8）在位于河流常水位以上的种植槽内安装纵向灌溉水管。

（9）在槽内充填营养土，种植适宜植物。

3.3.3 植绿生态挡墙工程造价及特点

以高 5.0 m、顶宽 0.3 m 的既有悬臂式挡墙为例(图 3.3.3),取纵向长度 1 m 计算,设 4 排种植槽,纵向锚杆每 3 m 一根。主要费用详见表 3.3.1。若新建同种规格的悬臂式挡墙,仅计算挡墙本身的费用(未计算土方开挖、回填、反滤排水管、占地等费用),见表 3.3.2。

表 3.3.1 既有悬臂式挡墙改造费用表(取纵向长度 1 m 计算)

费用名称	单位	数量	单价(元)	合计(元)
预制种植槽	m³	0.03×4	800.00	96.00
锚杆(含钻孔、锚杆制作、安装、制浆、注浆、锚定)	根	1÷3×4=1.33	50.00	66.50
合计				162.50

表 3.3.2 新建同种规格的悬臂式挡墙费用表

费用名称	单位	数量	单价(元)	合计(元)
土方开挖(全部利用)	m³	37	10.16	375.92
土方回填(利用开挖方)	m³	37	18.72	682.64
混凝土	m³	4.18	500.00	2 090.00
模板	m²	11.00	60.00	660.00
钢筋及制安	t	4.18×0.12	5 000.00	2 508.00
合计				6 316.56

从上述两表可知:

(1) 对于高 5.0 m、顶宽 0.3 m 的既有悬臂式挡墙,纵向单位长度挡墙改造费用为 162.50 元,若分摊到挡墙外侧面积上,相当于 32.50 元/m²;

(2) 按当前价格水平,新建同种规格的悬臂式挡墙,仅计算挡墙本身的费用(未计算墙后反滤排水管、临时占地等费用),纵向单位长度挡墙造价为 6 316.56 元,若分摊到挡墙外侧面积上,相当于 1 263.31 元/m²;

(3) 由于在既有挡墙基础上增加了生态及落水者自救功能,而造价仅相当于新建挡墙自身的 2.57%(若考虑墙后反滤排水管、占地等费用,所占比例将会更低),性价比非常高。

3.4　种植槽植物种类选择及种植施工

3.4.1　种植槽植物种类选择

植绿生态挡墙种植槽内植物种类的选择应符合下列要求。

（1）应综合考虑气候条件、光照条件、拟采取的工程形式、要达到的功能要求和观赏效果、栽培基质的水肥条件以及后期养护管理等因素，在色彩搭配、空间大小、工程形式上协调一致。

（2）常水位以下的种植槽，应选用挺水型植物。挺水型水生植物植株高大，花色艳丽，绝大多数有茎、叶之分，直立挺拔，下部或基部沉于水中，根或地茎扎入泥中生长，上部植株挺出水面。挺水型植物种类繁多，常见的有荷花、千屈菜、菖蒲、黄菖蒲、水葱、再力花、梭鱼草、花叶芦竹、香蒲、泽泻、旱伞草、芦苇等。

（3）设计洪水位以上，由于常年处于干地状态，宜选用耐旱植物，常见的有长寿花、虎刺梅、薰衣草、风雨兰、沙漠玫瑰、绯花玉等。

（4）常水位与设计洪水位之间的种植槽，应选用耐淹耐旱植物，如垂柳、旱柳、榔榆、紫穗槐、紫藤、雪柳、重阳木、柿等。

（5）应选择和立地条件相适应的植物，并根据植物的生态习性和观赏特性进行布设，必要时创造满足其生长的条件。

（6）应根据挡墙面高度来选择攀缘植物。

（7）应以乡土植物为主，骨干植物应有较强的抗逆性。

（8）应根据植物的生物学特性和生态习性，确定合理的种植密度。

（9）藤本植物的栽植间距应根据苗木种类、规格大小及要求见效的时间长短而定，宜为 20～80 cm。

（10）不得使用带有严重病虫害的植物材料，非检疫对象的病虫害危害程度或危害痕迹不得超过树体的 5%～10%。自外省市及国外引进的植物材料应有植物检疫证。

（11）植物材料的外观质量要求和检验方法应符合表 3.4.1 的规定。

表 3.4.1　植物材料外观质量要求和检验方法

项目	质量要求	检验方法
乔木灌木	姿态和长势:树干符合设计要求,树冠较完整,分枝点和分枝合理,生长势态良好; 病虫害:危害程度不得超过树体的 5%～10%; 土球苗:土球完整,规格符合要求,包装牢固; 裸根苗根系:根系完整,切口平整,规格符合要求; 容器苗木:规格符合要求,容器完整,苗木不徒长,根系发育良好不外露	检查数量:每 100 株检查 10 株,每株为 1 点,小于 20 株全数检查; 检查方法:观察、量测
草卷、草块、草束	草卷、草块长宽尺寸基本一致,厚度均匀,杂草不超过 5%,草高适度,草芯鲜活	检查数量:按面积抽查 10%,4 m² 为 1 检查点,不小于 5 个点。不超过 30 m² 应全数
花苗、地被、绿篱及模纹色块植物	株型苗壮,根系基本良好,无伤苗,茎、叶无污染,病虫害危害程度不超过植株的 5%～10%	检查数量:按数量抽查 10%,10 株为 1 点,不小于 5 点。不超过 50 株应全数检查; 检查方法:观察
整型景观树	姿态独特,曲虬苍劲,质朴古拙,株高适中,多干式桩景的叶片托盘不少于 7～9 个,土球完整	检查数量:全数检查; 查检方法:观察、尺量

此外,还可结合使用目的、地理环境、土壤特性等因素进行选配植物(表 3.4.2—表 3.4.3)。

(1) 按使用目的选择:防止土壤侵蚀宜选择根系发达、耐旱、适应性强、生长密集的植物,如红顶草、高羊茅、百慕大草、百喜草等;生态修复宜选择丛生型、根深、生态适应性广的植物,如黑麦草、紫羊茅、芒草、艾草等。

(2) 按地理环境选择:北方地区宜选择耐寒、植株低矮、发芽率高、易于生长的植物,如细弱剪股颖、早熟禾、黑麦草等;南方地区宜选择喜好高温、生长迅速的植物,如百慕大草、非洲虎尾草、毛花雀稗、芒草等。

(3) 按土壤特性选择:硬质贫瘠砂土宜选择根深、耐贫瘠、适应性强的植物,如意大利黑麦草、紫羊茅、胡枝子、紫穗槐等;软质肥沃土宜选择地下茎或丛生型、喜好高温的植物,如早熟禾、短百慕大草、毛花雀稗、红顶草等;酸性土壤宜选择根深、抗酸性好、适应性强的植物,如红顶草、草芦、梯牧草、尖叶胡枝子等;碱性土壤应在土壤改良后进行植物品种选择。

表 3.4.2　常见草本植物生长特性表

序号	植物种类	生长环境	繁殖方法	植株高度(cm)	根茎深浅	适宜播种月份	最适pH	生长发育特性		耐抗性 ◎特强○强×弱									发芽率(%)	净度(%)	寿命(a)
								气候	土壤	酸	湿	高山坡	旱	暑	盐	砂	寒	阴			
1	细弱剪股颖	北方	地上茎 地下茎	20~40	根浅	3-5 9-11	6~7	阴凉湿润	各种土壤	○	○		○	○		○	○	○	90	95	3
2	匍匐剪股颖	北方	地上茎 地下茎	15~30	根浅	3-5 9-11	6~7	阴凉湿润	各种土壤	○	○		×	×		○	○	○	90	95	3
3	红顶草	北方	地上茎 地下茎	30~60	根浅	3-6 9-11	5.5~7.5	适应性强	各种土壤	○	◎		○	○			○	×	80	95	1~2
4	高羊茅	北方	丛生型	50~100	根深	3-6 9-11	5.4~7.6	适应性强	各种土壤			◎	○	○		◎	○	○	85	97	2~5
5	早熟禾	北方	地下茎	30~50	根浅	3-5 9-11	6.0~7.8	适应性强	土地肥沃				×	×		◎	◎	◎	80	95	2~5
6	知风草	南方	丛生型	50~90	根深	5-6 8-9	5.5~7.0	适应性强	各种土壤	○	×		◎	◎		×	×	×	82	95	2~5
7	百慕大草	南方	地上茎	10~20	根浅	6-8	5.5~7.0	喜好高温	各种土壤				◎	◎		×	×	×	85	97	1~2
8	短百慕大草	南方	地上茎	7~15	根浅	6-8	5.5~7.0	喜好高温	土地肥沃				◎	◎		○	×	×	85	97	1~2
9	百草草	南方	地上茎	30~70	根深	6-8	5.1~6.5	地暖	各种土壤				○	○		○	○	○	70	90	1~2
10	匍匐紫羊茅	北方	地下茎	40~70	根深	3-6 9-11	5.0~6.5	适应性强	砂粒土壤	○			○	○			◎	○	85	96	2~5
11	草芦	北方	地下茎	60~130	根深	4-6 9-11	5.0~6.5	适应性强	湿润土地	○	◎		○	○			○	○	70	96	1~2
12	梯牧草	北方	丛生型	50~120	根深	3-5 9-11	5.0~6.5	适应性强	各种土壤	○			×	×			◎	◎	85	95	2~5
13	箬芒菜	北方	丛生型	50~100	根深	3-5 9-11	6.0~7.0	适应性强	各种土壤	○			○	○			○	○	80	90	1~7

续表

序号	植物种类	生长环境	繁殖方法	植株高度 (cm)	根茎深浅	适宜播种月份	最适 pH	生长发育特性		耐抗性（◎特强○强×弱）									发芽率 (%)	净度 (%)	寿命 (a)
								气候	土壤	酸	湿	高山坡	旱	暑	盐	砂	寒	阴			
14	黑麦草	北方	丛生型	40~60	根深	3-5 9-10	5.5~7.0	温暖土地	各种土壤	○			×	×			○		90	95	2~5
15	意大利黑麦草	北方	丛生型	50~100	根深	3-5 9-11	6.0~6.5	温暖土地	砂粒土壤		○		×	×			◎	×	90	98	1
16	非洲虎尾草	南方	地上茎	50~120	根深	5-6	5.0~6.5	地暖	砂粒土地	○	○		◎	◎	◎			×	80	95	2
17	紫羊茅	北方	丛生型	25~50	根深	3-5 9-11	5.5~6.5	阴凉	砂粒土壤	○		○	○	○		○	◎	◎	85	95	2~3
18	毛花雀稗	南方	丛生型	60~120	根浅	5-6	5.0~6.5	温暖土地	土地肥沃	○				◎	◎		×		90	60	2~5
19	白三叶草	北方	地上茎	20~30	根浅	3-5 9-10	5.5~7.0	适应性强	耐干旱	○		○	○	○			○	○	90	98	3~6
20	拉定三叶草	北方	地上茎	30~40	根浅	3-5 9-10	5.5~7.0	适应性强	喜好湿气	○	○		×				○	○	90	96	3
21	结缕草	南方	地上茎	10~20	根浅	6-8	3.4~5.5	地暖	酸性地	◎	×		◎	○		○		×	35	95	1~2

表 3.4.3　常见木本植物生长特性表

序号	地被植物种类	生长环境	繁殖方法	植株高度(cm)	根茎深浅	适宜播种月份	生长发育特性 气候	生长发育特性 土壤	耐抗性 酸	湿	高山坡	旱	暑	盐	砂	寒	阴	发芽率(%)	净度(%)	寿命(a)
1	尖叶胡枝子	上繁草	种子	60~100	根深	4~5	适应性强	各种土壤	◎	○	○	◎	◎			○		80	95	1~2
2	中国芒(椎树)	上繁草	丛生型种子	100~200	根深	4~5	适应性强	各种土壤	◎	○	○	◎	◎	○		○		35	70	1
3	魁蒿	上繁草	种子地下茎	60~150	根浅	4~5	地暖	各种土壤	◎	○	○	◎	◎	○		○		70	40	1~2
4	虎杖	上繁草	种子地下茎	30~150	根浅	4~9	地暖	各种土壤	○	○	○	○	○				○	50	70	1~2
5	马棘	丛林	种子	50~90	根深	3~5	地暖	各种土壤	◎	○	○	◎	◎			○		40	95	2
6	条纹胡枝子	中繁草	种子	20~40	根浅	3~5	地暖	土地肥沃	◎	◎		◎	◎		◎			98~100	70	2
7	黑木相思	高木	种子	1000~	根深	3~5	地暖	土地肥沃		○		◎	◎		◎	×	×	80	95	2
8	葛根	蔓延	苗栽地下莲	1000~	根深	3~5	地暖	土地肥沃		◎	◎	◎	◎	◎	◎	◎	×	7~57	90	2~3
9	金雀花属	中木	种子	300~400	根深	4~6	地暖	砂土土壤	○	×	◎	◎	◎		◎	○	×	60	90	2
10	紫穗槐	中木	种子	200~400	根深	3~4	适应性强	砂土土壤	○	×	◎	◎	◎		○	○	×	65	90	2
11	胡枝子(去皮)	低木	种子	100~200	根深	3~5	地暖	砂土土壤	○		○	◎	◎		◎	◎	×	60	95	2
12	胡枝子(带皮)	低木	种子	100~200	根浅	3~5	地暖	砂土土壤	○	○	◎	◎	◎		○	○		50	70	2
13	刺槐	高木	种子	1500~2000	根浅	3~4	适应性强	砂土土壤	×	×	◎	◎	◎		◎	◎	○	70	99	2
14	金合欢	高木	种子	800~1000	根浅	5~6	地暖	各种土壤	○		○	◎	◎		◎	○	×	75	95	3~5
15	楹木	高木	种子	300~500	根深	3~6	适应性强	各种土壤	○	×	◎	◎	◎			×	×	50	80	1
16	大莱茇叉王倍子	高木	种子	200~600	根深	3~6	地暖	高山坡	0		◎	◎	◎	○		○		50	80	1
17	日本赤松	高木	种子	1000~	根深	3~4	地暖	各种土壤	◎		◎	◎	◎		◎	◎	×	70	95	5
18	日本黑松	高木	种子	1500~	根深	3~4	地暖	砂土土壤	◎		◎	◎	◎		◎	◎	×	70	95	5
19	日本棍木	高木	种子	1000~1700	根浅	3~4	适应性强	抗旱强	◎	○	○	◎	◎		○	○	○	30	50	1
20	赤杨	高木	种子	200~1700	根浅	3~6	适应性强	不适合湿地	◎	○	○	◎	◎		○	○	○	30	50	1
21	锦带花	低木	种子	200~300	根浅	5~6	适应性强	高山坡	◎	◎	○	◎	◎	○	○		◎	60	70	2

耐抗性　◎特强　○强　×弱

3.4.2　种植槽植物种植施工

植物种植施工时应满足 CJJ 82—2012《园林绿化工程施工及验收规范》的相关要求。

（1）栽植土应符合以下规定：

①土壤 ph 应符合本地区栽植土标准或按 ph 为 5.6～8.0 进行选择；

②土壤全盐含量应为 0.1%～0.3%；

③土壤容重应为 1.0～1.35 g/cm³；

④土壤有机质含量不应小于 1.5%；

⑤土壤块径不应大于 5 cm。

（2）栽植土施肥应符合下列规定：

①商品肥料应有产品合格证明，或已通过试验证明符合要求；

②有机肥应充分腐熟方可使用；

③施用无机肥料应测定种植槽土壤有效养分含量，并宜采用缓释性无机肥。

（3）栽植土表层整理应按下列方式进行：

①栽植土表层不得有明显低洼和积水处；

②栽植土的表层应整洁，所含石砾中粒径大于 3 cm 的不得超过 10%，粒径小于 2.5 cm 的不得超过 20%，杂草等杂物不应超过 10%；

③栽植土表面应低于种植槽顶 3～5 cm。

（4）运苗前应先验收苗木，规格不足、损伤严重、干枯、有病虫害等植株不得验收装运。

（5）苗木运至施工现场，应立即栽植，当天不能栽植时应及时假植。苗木假植应符合下列规定：

①裸根苗可在栽植现场附近选择适合地点，根据根幅大小，挖假植沟假植，假植时间较长时，根系应用湿土埋严，不得透风，不得失水；

②带土球苗木的假植，可将苗木码放整齐，土球四周培土，喷水保持土球湿润。

（6）栽植前应对苗木过长部分进行修剪，剪除交错枝、横向生长枝。苗木修剪时应根据各地自然条件，推广以抗蒸腾剂为主体的免修剪栽植技术或采取以疏枝为主的方式，适度轻剪，保持树体地上、地下部位生长平衡。

（7）灌木及藤木类修剪时应符合下列规定：

①有明显主干型的灌木，修剪时应保持原有树型，主枝分布均匀，主枝短截长度宜不超过 1/2；

②丛枝型灌木预留枝条宜大于 30 cm,多干型灌木不宜疏枝;

③绿篱、色块、造型苗木,在种植后应按设计高度整形修剪;

④藤木类苗木应剪除枯死枝、病虫枝、过长枝。

(8) 苗木修剪应符合下列规定:

①苗木修剪整形应符合设计要求,当无要求时,修剪整形应保持原树形;

②苗木应无损伤断枝、枯枝、严重病虫害;

③落叶树木的枝条应从基部剪除,不留木橛,剪口平滑,不得劈裂;

④枝条短截时应留外芽,剪口应距留芽位置上方 0.5 cm;

⑤修剪直径 2 cm 以上的大枝及粗根时,截口削平后应涂防腐剂。

(9) 非种植季节进行树木栽植,应根据不同情况采取下列措施:

①苗木可提前进行环状断根处理或在适宜季节起苗,用容器假植,带土球栽植;

②落叶乔木、灌木类应进行适当修剪并应保持原树冠形态,剪除部分侧枝,保留的侧枝应进行短截,并适当加大土球体积;

③可摘叶的应摘去部分叶片,但不得伤害幼芽;

④夏季可采取遮荫、树木裹干保湿、树冠喷雾或喷施抗蒸腾剂的方式,减少水分蒸发,冬季应采取防风防寒措施;

⑤掘苗时根部可喷布促进生根激素,栽植时可加施保水剂,栽植后树体可注射营养剂;

⑥苗木栽植宜在阴雨天或傍晚进行。

(10) 水湿生植物栽植槽工程应符合下列规定:

①栽植槽的材料、结构、防渗应符合设计要求;

②槽内不宜采用轻质土或栽培基质;

③栽植槽土层厚度应符合设计要求,无设计要求的应大于 50 cm;

④水湿生植物栽植后至长出新株期间应控制水位,严防新苗(株)浸泡窒息死亡。

(11) 种植施工时还应符合下列规定:

①栽植工序应紧密衔接,做到随挖、随运、随种、随浇,裸根苗不得长时间搁置;

②栽植穴大小应根据苗木的规格而定,宽度宜比苗木根系或土球每侧宽 10～20 cm,深度宜比苗木根系或土球深 10 cm;

③苗木栽植的深度应以覆土至根茎为准,根系必须舒展,填土应分层压实;

④栽植带土球的树木入穴前,穴底松土必须压实,土球放稳后,应清除不易

腐烂的包装物。

本章提出了植绿生态挡墙概念及其施工方法,并介绍了既有挡墙生态改造技术,分析表明,适用于混凝土挡墙之处,均可采用植绿生态挡墙。在挡墙临水侧增加生态种植槽,是创新核心。新建植绿生态挡墙有两种施工方法,一是种植槽与墙身混凝土同步浇筑,另一种是先阶梯后砌筑槽壁方法,并给出一组可行的种植槽设计数据。此外,还介绍了植绿生态挡墙种植槽植物种类选择与种植施工要求。

既有挡墙可通过在临水侧增加数排种植槽进行生态改造形成植绿生态挡墙,同样可达到挡墙生态化的目的。

第四章　植绿生态挡墙雨水收集利用系统

4.1　植绿生态挡墙雨水收集利用系统意义

我国是人均水资源极少的 13 个国家之一，而且水资源分布极不平衡，局部地区水污染严重。2014 年，习近平总书记提出"节水优先、空间均衡、系统治理、两手发力"的十六字治水方针。节水优先是放在首位的，在这个指导方针之下，要大力发展节水器具研发、中水利用等节水措施，对城市绿色发展，提高用水效率和水环境承载能力具有重要现实意义[77]。同时，可以发挥对暴雨洪峰的延缓以及对径流总量的控制作用，对滞留初期雨水、降低面源污染程度也具有重要作用[78]。河道生态挡墙种植槽内的景观植物需要必要的水分，可利用河道生态挡墙地形优势，收集雨水，用于生态挡墙种植槽内的植物浇灌。因此提出了植绿生态挡墙雨水收集系统。

"海绵城市"是对于整个城市节水、雨水综合利用改造而言的，而本节所述的节水措施是依托某一建筑或某一区域进行雨水收集与综合利用[79-80]。城市中的河道挡墙由于历史、技术原因，基本上以钢筋混凝土、浆砌石为主，不但破坏了河道生态和城市自然景观[81-82]，且大部分仅在挡墙顶部设置花圃，通过市政供水进行浇灌，浪费了大量的水资源，与现在倡导的水生态文明和节水理念格格不入[83]。基于对海绵城市的理解，研究城市河道挡墙雨水收集、利用和生态绿化一体化的技术，提出一种既能自动收集、储存雨水，又能服务于城市生态景观建设的河岸挡墙节水型生态景观装置，为城市河道生态绿化改造提供支持，达到节水利用与生态和谐的目的。

4.2　植绿生态挡墙雨水收集利用系统

植绿生态挡墙雨水收集系统，是指根据河道挡墙所处地形地质条件，将雨水收集后,经过滤、消毒、净化,达到符合设计使用标准,用来浇灌生态挡墙种植槽植物的系统,可节约水资源,缓解缺水问题。一般由弃流过滤系统、蓄水系统、净化系统、浇灌系统等组成。

4.2.1 雨水收集

一般通过屋顶、透水铺装、植草沟收集雨水至蓄水池。

（1）屋顶雨水收集

对于城市河道堤坝,雨水来源可为屋顶雨水与地面雨水。屋顶雨水相对干净,杂质、泥沙及其他污染物少,可通过弃流和简单过滤后,直接排入蓄水系统,进行处理后使用。地面雨水杂质多,污染物源复杂,在弃流和粗略过滤后,还必须进行沉淀才能排入蓄水系统。因此,有条件时,应尽量利用屋顶雨水（图4.2.1）。

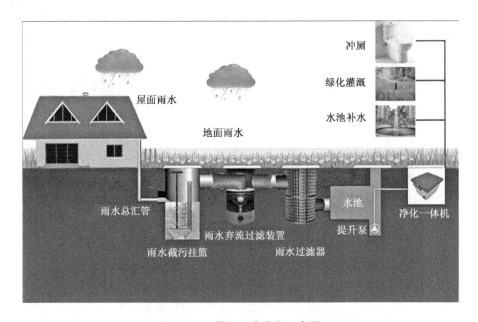

图4.2.1 屋面雨水收集示意图

（2）透水铺装

将生态挡墙后方的堤顶道路路面改造成透水铺装,宽5～10 m,路面采用细粒式改性透水沥青混凝土。透水铺装从下向上一般由级配碎石、稀浆封层、水泥碎石稳定层、粗粒式改性透水沥青混凝土、中粒式改性透水沥青混凝土、细粒式改性透水沥青混凝土组成。透水铺装的透水基层内设置排水管,将下渗雨水收集入路边雨水管,最终汇入雨水蓄水池回收利用（图4.2.2）。

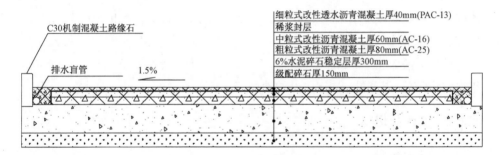

图 4.2.2　透水铺装断面图

（3）植草沟

将河道生态挡墙后方绿化带改造成植草沟。植草沟的结构设置从下向上一般为：素土夯实、土工布、级配砾石层、透水软管、土工布、种植土、植被种植。透水基层内设置排水管，将下渗雨水收集入路边雨水管，最终汇入雨水蓄水池回收利用(图 4.2.3)。

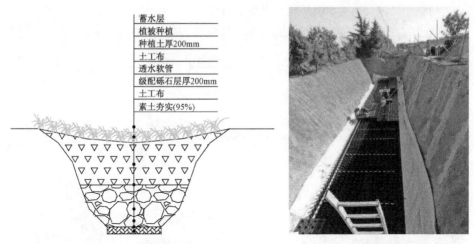

图 4.2.3　植草沟示意图　　　　图 4.2.4　PP 模块雨水蓄水池

（4）雨水蓄水池

蓄水池上游接入集水井，集水井具有沉淀池的功能。根据河道生态挡墙植物需水特性、当地气候，计算蓄水池的容积。蓄水池可布置于挡墙后上方，也可布置于堤后较高的位置。

雨水蓄水池可用混凝土浇筑，也可采用 PP 模块(图 4.2.4)。雨水蓄水模块是一种可以用来储存水，但不占空间的新型产品，具有超强的承压能力，95%的镂空空间可以实现更有效率的蓄水。主要应用于雨水的存储和回用,道路沿线排水和蓄水渗滤系统,停车场、生态浅沟蓄水排水,屋顶、路面的雨水收集处理等。模块一般为100%高品质的再生PP聚丙烯,具有水浸泡无析出物,无异味,超强的耐强酸、强碱性,40年以上的使用寿命等特点。

4.2.2 雨水处理

(1)处理标准

经处理后的雨水应满足 GB T18920-2002《城市污水再生利用 城市杂用水水质》标准,出水可用于绿化浇灌、水景观营造和车辆冲洗。

(2)处理工艺

地面或屋面雨水汇流后进入雨水管,初期雨水溢流外排,剩下的雨水进入雨水蓄水池,经过滤装置消毒处理后回用。雨水收集处理工艺及平面布置图见图4.2.5,效果图见图4.2.6。仅用于生态挡墙植物浇灌的水体,处理过程可适当简化。

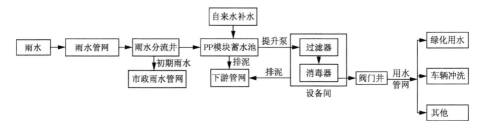

图 4.2.5 雨水收集处理工艺图

图 4.2.6 雨水收集处理工艺效果图

4.2.3　雨水利用

　　将收集来的雨水通过管道自流至生态种植槽内,实现自流浇灌(图 4.2.7)。堤坝植绿生态挡墙雨水收集自动浇灌系统,需要根据种植槽植物种类、湿热条件、降水等环境因素确定需水时段与需水量,计算蓄水量,布置管线,结合种植槽墒情监测,实现雨水收集利用及自动浇灌功能。

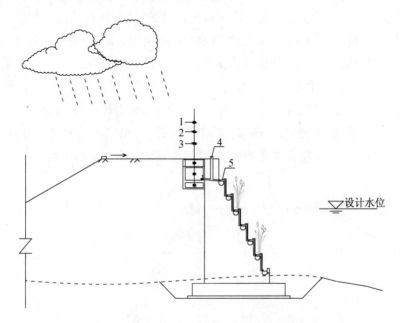

1—排水沟;2—蓄水池;3—沉沙池;4—施肥管;5—浇灌管道

图 4.2.7　堤坝生态挡墙雨水收集自动浇灌示意图

4.3　植绿生态挡墙雨水收集利用系统的实施(一)

4.3.1　植绿生态挡墙雨水收集利用系统设计

　　位于堤坝临水侧的植绿生态挡墙,墙后常为土质堤坝。在堤顶靠近挡墙侧设置排水沟,堤顶向排水沟一侧设有一定的坡度,用以排除堤顶的积水(如雨水)。排水沟断面尺寸需根据降雨量、降雨历时、堤顶坡比、堤顶路面特性、排水沟纵坡等因素经计算确定,一般可取宽 0.5~0.8 m、深 0.3~0.5 m。在排水沟的正下方,设置蓄水箱,排水沟的水通过滤网过滤后进入蓄水箱。蓄水箱断面尺寸需要根据所浇灌植物的需水量及需水分布特征等因素计算确定,可取其上方排水沟的宽度,深取 0.7～1.0 m。在蓄水箱里对应滤网的正下方,设置沉沙池,以方便以后检修,用以沉积通过滤网后的细沙等杂物。沉沙池深取 0.3～0.5 m。蓄水箱每个长 8～10 m,每个蓄水箱对应设置滤网及沉沙池各一个。相邻蓄水箱两端设竖向隔板分隔成相对独立的箱体,各箱体内的水体相互独立,没有水体交换。在蓄水箱底部设浇灌主管,进口处设滤网及闸阀(图 4.2.7)。

浇灌主管穿过挡墙进入临水侧种植槽,以四通接头连接并向两侧铺设浇灌支管,然后通过地插滴头向种植槽内的植物进行浇灌。同时,浇灌主管还向下面各排种植槽继续延伸,穿过挡墙,铺设支管,布置地插滴头等,直至常水位附近的种植槽。如此,堤顶雨水进入排水沟后,经滤网过滤后进入蓄水箱,经浇灌主管、支管、地插滴头等,顺利进入种植植物的种植槽,从而实现自动浇灌(图 4.3.1)。

在挡墙顶设置施肥管,末端与浇灌主管相连,当植物需要肥料时,可通过此施肥管添加肥料。为防止管道堵塞,宜添加液体或遇水速溶的肥料。

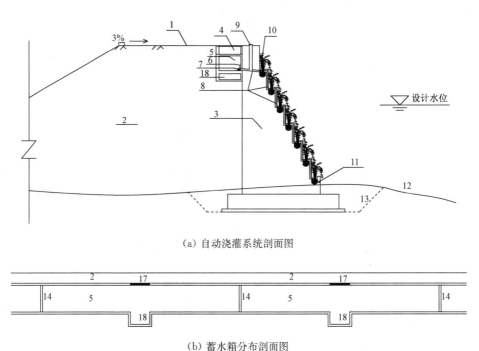

(a) 自动浇灌系统剖面图

(b) 蓄水箱分布剖面图

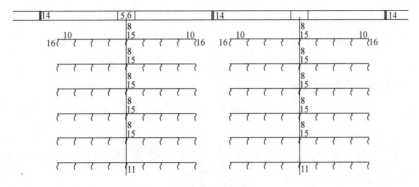

(c) 管道分布平面图

1—堤顶;2—堤身填土;3—挡墙;4—排水沟;5—蓄水箱;6—进水管闸阀(电磁阀);7—浇灌主管滤网;8—浇灌主管;9—施肥管;10—浇灌支管;11—排水孔;12—原地面;13—开挖线;14—蓄水箱隔板;15—管道四通;16—地插滴头;17—蓄水箱滤网;18—蓄水箱沉沙池

图 4.3.1 雨水收集利用系统示意图

4.3.2 植绿生态挡墙雨水收集利用系统施工方法

植绿生态挡墙雨水收集利用系统施工方法如图 4.3.2 所示,可按如下步骤进行。

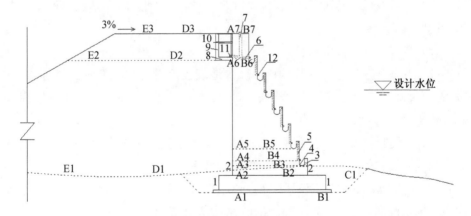

图 4.3.2 施工方法示意图

(1) 清基,开挖至建基面 A1-B1,浇筑混凝土垫层。

(2) 立 1、1 侧模板,浇混凝土至 A2-B2 高程。

(3) 立 2、2 侧模板,浇混凝土至 A3-B3 高程。

(4) 立两侧模板及 4 侧模,立 3 浇灌主管内模,浇混凝土至 A4-B4 高程。

(5) 立两侧模板,立 5 浇灌主管内模,浇混凝土至 A5-B5 高程。

（6）重复以上步骤，浇混凝土至 A6-B6 高程。

（7）立两侧模板，立 6 浇灌主管内模，立 7 施肥管内模，浇混凝土至 A7-B7 高程。

（8）填筑挡墙后土体，至 D2-E2 高程。

（9）立蓄水箱 8、9、10 的模板，浇筑混凝土蓄水箱，同时，在适当位置浇筑沉沙池。

（10）在蓄水箱顶立板浇筑排水沟混凝土，或采取浆砌体，在沉沙池的正上方预留安装滤网的洞口。

（11）填筑土体至 D3-E3 高程，并向排水沟形成 3%～5% 的坡度。

（12）安装蓄水箱内浇灌主管闸阀、滤网。

（13）安装浇灌支管 12。

（14）在植物种植之后，在浇灌支管 12 上安装地插滴头。

（15）安装蓄水箱顶部滤网、施肥管口保护盖。

4.3.3 植绿生态挡墙雨水收集利用系统优势

植绿生态挡墙雨水收集利用系统具有如下优势。

（1）针对性强。解决了落水者自救型生态挡墙如何实施自动浇灌种植槽内植物的问题。

（2）节省占地。蓄水箱设置于排水沟正下方，不需另外占地。

（3）生态、环保。充分利用雨水，减少地表径流对堤坝的冲刷。经过滤、收集后，通过浇灌主管、支管、地插滴头等，依靠重力将蓄水箱内的水引入挡墙临水侧种植槽，实施自动浇灌植物。

（4）方便肥料添加。当需要添加肥料时，可通过挡墙顶部的施肥管，将肥料顺利加入灌溉主管中，保证种植槽内的植物健康生长。

（5）造价低廉、节能。不需要铺设长距离供水管道，不需要动力、水泵等从河道中抽水浇灌，仅铺设少量浇灌管道，成本低且节能。

（6）外表美观。浇灌主管穿过挡墙而不外露，浇灌支管及地插滴头细小，沿植物根部布设时，均能很好地隐藏于植物丛中，且检修方便，美观而实用。

4.4 植绿生态挡墙雨水收集利用系统的实施(二)

4.4.1 用于河岸挡墙的节水型生态景观装置

用于河岸挡墙的节水型生态景观装置[84],是集自动雨水收集、雨水储存、生态绿化于一体的装置,维护难度小,成本低。该装置包括挡墙,挡墙的立面上开有多个倾斜放置孔,倾斜放置孔内卡接种植瓶;种植瓶的开口端通过螺纹连接连接头的一端,连接头的另一端通过螺纹结构连接雨水收集器;雨水收集器和种植瓶间的连接头顶部有排水管,种植瓶底部填充有陶粒,且种植瓶内灌装有水和营养液,内插入水生植物的根茎部位,水生植物的枝叶部位位于雨水收集器的顶部;雨水收集器和种植瓶远离挡墙的一侧外壁间安装有水位控制机构,雨水收集器顶部的挡墙上固定安装有防护板。种植瓶内填充有陶粒并灌装有水和营养液,作为水生植物的初始生长基液,后续下雨时,通过雨水收集器收集雨水并导入种植瓶内供水生植物生长需要,达到雨水收集利用、免浇灌、节约水资源的效果,并改善河道处的生态环境。通过防护板将挡墙立面上汇聚的大股水流进行阻挡,避免大股水流冲击雨水收集器导致雨水收集器或者种植瓶脱落。种植瓶内水位灌满后,剩余雨水通过排水管排出。水位控制结构控制雨水收集器底部开启,使得雨水收集器无法聚集雨水,避免排水管排水不足时导致雨水收集器内盛满雨水,从而避免雨水收集器过重而脱落。节水型生态景观装置如图4.4.1所示。

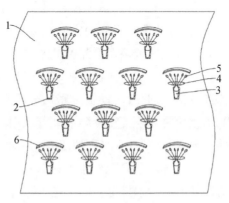

1—挡墙;2—倾斜放置孔;3—种植瓶;4—雨水收集器;5—水生植物;6—防护板

图4.4.1 用于河岸挡墙的节水型生态景观装置正视结构示意图

4.4.2 主要结构组成

4.4.2.1 种植瓶结构及安装

种植瓶的底部为和倾斜放置孔相配合的上大下小的圆台结构，便于种植瓶插入倾斜放置孔内。种植瓶的上部为椭圆球面，且椭圆球面处配有安装种植瓶的安装把手，安装把手包括卡槽和卡环；种植瓶的椭圆球面底部开有半圆环结构的卡槽，卡槽与卡环大小相匹配，卡环的底部固定连接支撑杆的一端。支撑杆的另一端连接电动推杆，卡槽与种植瓶的轴线间的夹角等于倾斜放置孔与挡墙的立面间的夹角。卡环和卡槽宽度相等，当卡环卡入卡槽内，并将电动推杆竖直举起时，种植瓶与竖直方向夹角等于倾斜放置孔与挡墙的立面间的夹角。通过电动推杆的伸长能够将种植瓶安装到高处的倾斜放置孔内，也能够将种植瓶取出，便于安装和更换；电动推杆的底部外壁设有网状防滑纹，增大摩擦力，便于举起。

4.4.2.2 防护板与雨水收集器

防护板为弧形板，雨水收集器为漏斗形结构，且雨水收集器远离挡墙的一侧到连接头的距离大于雨水收集器靠近挡墙的一侧到连接头的距离，防护板的宽度大于雨水收集器的宽度，从而阻挡挡墙立面上的大股水流。

4.4.2.3 水位控制结构

水位控制结构包括连通管，连通管为 L 形结构，且连通管的水平端通过螺纹结构连接种植瓶的上部外壁；连通管的竖直端端面滑动套接顶杆，顶杆的底部伸入连通管内并固定安装浮球，顶杆上部外壁通过螺纹结构套接调节螺母。雨水收集器远离挡墙的一侧内壁铰接转动板的一端，转动板为贴合雨水收集器内壁的弧形结构，上面开有多个上漏水口，雨水收集器上开有多个下漏水口，上漏水口和下漏水口交错分布。转动板的底部固定安装多个下挡块，雨水收集器的内壁固定安装多个上挡块，上挡块卡接在上漏水口内，下挡块滑动卡接在下漏水口内。顶杆的顶部正对一个下漏水口，在种植瓶水位较低时，顶杆在重力作用下下落，调节螺母压在连通管顶部，此时转动板紧密贴合雨水收集器内壁，且上挡块卡接在上漏水口内，下挡块滑动卡接在下漏水口内，则雨水收集器处于密封状态，便于收集雨水并将其导入种植瓶内，当种植瓶内充满水后，排水管开始排水。为了雨水顺利流入种植瓶内，排水管只能位于连接管顶部，且不会太粗，而当雨水较大时，排水管将无法及时将雨水排出。此时连通管内灌满水，则浮球推动顶杆，顶杆伸入下漏水口内并推动下挡块，转动板被推离雨水收集器，上挡块脱离上漏水口，下挡块脱离下漏水口，雨水则直接通过上漏水口和下漏水口漏出，从而减小雨水收集器内雨水的数量,避免雨水收集器内集满雨水而过重。

连通管与排水管位于种植瓶的轴线两侧,且连通管位于排水管的下方,顶杆靠近雨水收集器的一端为半球结构。

各部分结构见图4.4.2—图4.4.5所示。

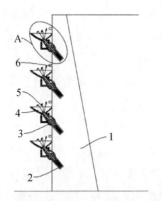

1—挡墙;2—倾斜放置孔;3—种植瓶;4—雨水收集器;5—水生植物;6—防护板

图 4.4.2　用于河岸挡墙的节水型生态景观装置侧视结构示意图

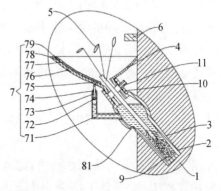

1—挡墙;2—倾斜放置孔;3—种植瓶;4—雨水收集器;5—水生植物;6—防护板;7—水位控制结构;71—连通管;72—浮球;73—顶杆;74—调节螺母;75—下漏水口;76—下挡块;77—上漏水口;78—上挡块;79—转动板;81—卡槽

图 4.4.3　图 4.3.2 中 A 处结构放大示意图

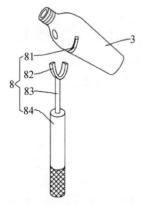

3—种植瓶;8—安装把手;81—卡槽;82—卡环;83—支撑杆;84—电动推杆

图 4.4.4　安装把手结构示意图

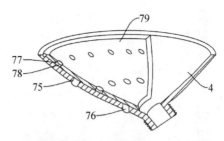

4—雨水收集器;75—下漏水口;76—下挡块;77—上漏水口;78—上挡块;79—转动板

图 4.4.5　雨水收集器处局部结构示意图

4.4.3　工作原理

使用时,种植瓶内填充有陶粒并灌装有水和营养液,作为水生植物的初始生长基液。将卡环卡入卡槽内，手握电动推杆并将电动推杆竖直举起，使种植瓶与竖直方向夹角等于倾斜放置孔与挡墙的立面间的夹角。通过电动推杆的伸长能够将种植瓶安装到高处的倾斜放置孔内，后续下雨时，通过雨水收集器收集雨水并导入种植瓶内供水生植物生长需要，达到雨水收集利用、免浇灌、节约水资源的效果，并改善河道挡墙的生态环境。通过防护板阻挡挡墙立面上汇聚的大股水流，避免大股水流冲击雨水收集器导致雨水收集器或者种植瓶脱落，仅通过雨水收集器收集自然下落的雨水。在种植瓶水位较低时，顶杆在重力作用下下落，调节螺母压在连通管顶部，此时转动板紧密贴合雨水收集器内壁，且上挡块卡接在上漏水口内，挡块滑动卡接在下漏水口内，雨水收集器处于密封状态，便于收集雨水并将其导入种植瓶内。当种植瓶内充满水后，排水管开始排水，但是，为了雨水顺利流入种植瓶内，排水管只能位于连接管顶部，且不会太粗。当雨水较大时，排水管无法及时将雨水排出，此时连通管内将灌满水，浮球推动顶杆，顶杆伸入下漏水口内并推动下挡块，则转动板被推离雨水收集器，上挡块脱离上漏水口，下挡块脱离下漏水口，雨水直接通过上漏水口和下漏水口漏出，从而减小雨水收集器内收集雨水的数量，避免雨水收集器内集满雨水而过重，从而避免雨水收集器压坏连接头而脱落甚至将种植瓶拽出，确保装置的稳定性。

本章针对河道生态挡墙种植槽植物浇灌，提出了雨水收集、存蓄、处理及利用系统，给出了概念设计，为今后进一步研究指明了方向。

此外，针对河道混凝土挡墙陡立的临水侧墙面，研发了一种节水型生态景观装置，可赋予挡墙生态特性，并利用自带的雨水收集器，将雨水种植瓶内，供植物生长需要，达到雨水收集利用、免浇灌、节约水资源的效果，巧妙地解决了自动浇灌问题，同时改善河道挡墙的生态环境。

第五章　植绿生态挡墙太阳能自动浇灌系统

应用于河道整治、灌渠改造、城市河涌治理等工程中的植绿生态挡墙,除了要求岸坡稳定,同时还要求具有生态功能。植绿生态挡墙的建设将水利工程的景观与环境生态景观相结合,可塑造绿色优美的河湖风景和工程景观,不仅实现了对河道的生态治理,还可满足人们在水边休闲娱乐的需求,弘扬了人水和谐、人与自然共进共荣的价值观。因此,植绿生态挡墙在涉水工程中的应用越来越多,但带来的问题是如何保持这些植物的生长,特别是岸坡上的植被,往往因为缺水枯萎,有必要研制一套基于太阳能的自动灌溉系统,以维持生态挡墙的生态性。本章介绍的自动浇灌系统,也适用于其他生态挡墙。对于完全处于干地状态的种植槽,自动浇灌系统可参照 CJJ/T236—2015《垂直绿化工程技术规程》。

自动浇灌系统由太阳能供电系统、土壤墒情监测系统和自动浇灌控制系统组成。下面对各组成部分进行介绍。

5.1　太阳能供电系统

太阳能供电模块由单晶硅太阳能电池板、充放电智能控制器和铅酸蓄电池组成,其结构如图 5.1.1 所示。

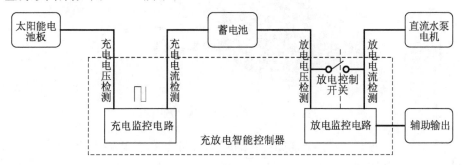

图 5.1.1　太阳能供电模块图

太阳能供电模块主要应用于挡墙地理位置偏远无法获得其他供电途径的情况。它利用太阳能电池板通过充放电智能控制器的充电监控电路对蓄电池进行充电并实现过冲保护,实现蓄电池对水泵电机和控制器的供电;利用充放电智能控制器的输出监控电路检测蓄电池的端电压和放电内阻,对蓄电池进行放电控制和过放保护。当蓄电池电压小于设计电压后,水泵驱动禁用,发送蓄电池充电不足信号,需要等太阳能充电到一定电能后自动转换到水泵驱动启用状态,清除蓄电池充电不足信号。

5.1.1 单晶硅太阳能电池板

太阳能电池板,即光伏电池,主要是用硅材料做成的,这个硅包括多晶硅、单晶硅和非晶硅。硅材料在地球中储量非常丰富,经过无尘加工可以制成晶体硅。当前光伏电池大多以单晶硅和多晶硅为材料,单晶硅光伏电池结构如图5.1.2所示。[85]

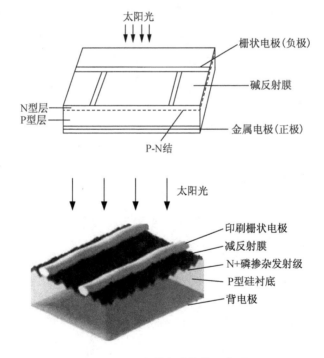

图 5.1.2　光伏电池结构示意图

这是一种 N+/P 型光伏电池,它的基体材料为 P 型单晶硅,该层掺杂了微量三价元素,厚度在 0.04 mm 以下,上表面层为 N 型层,是受光层,该层掺杂了微量的五价元素。它和基体在交界面处形成一个 P-N 结。在上表面上印刷了栅状负极,底层是金属正极;此外,在光伏电池朝光面上,加有一层可以减少对阳光反射的物质,它是一层很薄的天蓝色氧化硅薄膜,可以使光伏电池在一定面积内接受更多的阳光,在一定程度上可以提高光伏电池的转换效率和输出功率。

　　光伏电池的工作原理:对于半导体材料而言,当其中的 P-N 结处于平衡状态时,在 P-N 结处会形成一个空间电荷区,即耗尽层或阻挡层,构成由 N 区指向 P 区的内电场。当入射光子的能量大于禁带宽度,即入射太阳光的能量大于硅禁带宽度的时候,太阳光子射入半导体内部,把电子从价带激发到导带,在价带中留下一个空穴,产生了一个电子和空穴对。因此,当能量大于禁带宽度的光子进入电池的空间电荷区时,会激发产生一定数量的电子和空穴。在空间电荷区中产生的电子和空穴,立即被内电场排斥到 P 区和 N 区,激发的电子被推向 N 区,激发的空穴被推向 P 区。最终使 N 区中聚集了许多的电子,在 P 区中聚集了许多的空穴,从而在 P-N 结两侧形成了与内电场方向相反的光生电动势,当接上负载后,电流就从 P 区经过负载流向 N 区[86],负载即获得功率。

5.1.2　太阳能电池板的选择与计算

　　目前,晶体硅材料是市场上最重要的光伏材料,可分为单晶硅材料和多晶硅材料[87]。单晶硅太阳能电池板的光电转换效率一般为 16%,最大可达 25%,是所有类型太阳能电池中光电转换效率最高的,而且还采用钢化玻璃和硅钢防水树脂封装,坚固耐用。而多晶硅太阳能电池板的光电转换效率则要低一些,一般在 13% 左右,使用寿命也要比单晶硅太阳能电池板短。综合考虑,采集系统设计采用单晶硅太阳能电池板。

　　已知变换器损失系数 ξ 为 5%,系统总功耗为 P,设计采集步长为每小时一次,系统全天工作时间 t 为 8 小时,则每天蓄电池耗电量应为

$$W = \frac{Pt}{1 - \xi} \tag{5.1.1}$$

　　年平均日照时数 H 可按式(5.1.2)计算:

$$H = \frac{1.63Q_m}{365\varepsilon} \tag{5.1.2}$$

其中:Q_m 为当地年辐射总量,经过查阅气象部门提供的数据,广州地区一般取值 120 kcal/cm^2;ε 是 25 ℃、AM1.5 光谱时的辐照度,取 0.1 W/cm^2;1.63 为 Wh 与 kcal 单位转化系数,单位 Wh/kcal。因此,太阳能电池组件实际使用功率 P_m

可用式(5.1.3)计算。

$$P_m = \frac{W}{H}$$

(5.1.3)

在实际设计中,一般太阳能电池板输出充电电压应该大于蓄电池的工作电压 25%左右比较合适,因此,衡量利弊,最后采用功率为 100 W、空载充电电压 17.5 V、输出电流 5.71 A、尺寸 1 200 mm×550 mm 的单晶硅太阳能电板。

5.1.3 蓄电池的选择和容量设计

为了保证系统在一年四季的气候条件下都能维持正常工作,在选择太阳能储蓄电池时,电池需要满足放电性能好这个条件。阳光充足时,单晶硅太阳能电池板对蓄电池进行充电,电池供电系统将长期处于边充电边放电的工作状态,故电池必须满足浮充特性,具有良好的充电特性。

在表 5.1.1 中,将几种常见的蓄电池进行对比,并列举了他们各自的优点、缺点和用途。

在对各蓄电池综合比较之后,考虑植绿生态挡墙的野外工作环境,最后选择铅酸蓄电池作为储能电池[88-89]。

由于太阳能电池板会根据光照强度变化从而使得输入电量非常不稳定,所以太阳能电池组每日所产生电量需首先储存到蓄电池内,再提供给负载。在白天,太阳能供电系统一直处于边充电边放电的工作状态,因此必须选用性能良好的浮充式铅酸蓄电池作为储能元件。

表 5.1.1　各种类蓄电池特点对比

种类	优点	缺点	用途
铅酸蓄电池	价格低廉、放电功率大、高容量、原料简单	质量大、体积大、比能量低、污染环境、携带不便	内燃机汽车、电动车蓄电池
镍镉充电电池	寿命长、轻便、大功率放电稳定、成本较低、抗震	价格较贵、污染环境、比能量低、具有记忆效应	电动玩具、电动工具、移动随身听等
锂聚合物电池	安全性能好、比能量高、小型化、轻量化	大功率放电较差、价格贵	手机、笔记本、磁卡内置电源等
锂离子电池	高电压、高能量、无污染、无记忆效应、比能量高、重量轻	价格贵、安全性能差、大功率放电较差	电动自行车、笔记本、手机等
镍氢充电电池	寿命长、高容量、无记忆效应、大功率放电好、无污染、安全性高	价格较昂贵、比能量较高	移动设备、电动工具、笔记本、混合动力汽车等

根据蓄电池通用规格设计实际选取容量为 100 Ah,额定电压 12 V 铅酸蓄电池,较标称多出 6.15 Ah 保证一些短时未计入的核算负载。将蓄电池充满电后输出电压为 14.5 V,放电终止电压为 10.5 V,因此蓄电池充、放电电压变化范围为 10.5~14.5 V。

5.1.4　太阳能充放电智能控制器的选择

整个太阳能供电模块的中枢部分就是太阳能充放电控制器,它决定了蓄电池对负载的电能输出效率以及太阳能电池板对蓄电池的充电效率,它的性能和设计水平直接影响系统的性能,甚至蓄电池的工作寿命和其他部件的维护成本[90-91]。使用单片机可使充电工作做得简单而效率又高,本采集系统智能管理系统基于 STM8S003F3P6 单片机。

为了提升太阳能板对蓄电池的充电效率,利用该单片机的脉冲宽度调制(PWM)管脚驱动充电控制,当蓄电池充电电量达到 90% 左右,电池电量已经趋向饱满,此时 PWM 输出较小的智能控制充电脉冲电流,保护电池,使得蓄电池在充电阶段更加稳定和安全,也有效地缩短了对蓄电池的充电时间,让蓄电池真正从 0 到 100% 进行充电工作。

供电模块中蓄电池充电过程如下:太阳能电池板接收到太阳光辐射输出功率,充电监控电路对太阳能电池板输出电压采样,当输出电压大于 10.5 V 临界电压,智能控制器红灯亮起,控制器开始输出稳定充电电压,启动充电程序。随着充电进行,蓄电池两端输入电压也不断变高,状态指示灯逐渐变黄,显示着蓄电池容量状态变化。在对蓄电池充电的过程中,当电压信号达到 13.8 V,而且还可以稳定 60 s,那控制器将蓄电池的充电模式转变为浮充模式。当光照强度变强,电池两端电压也相应增加,充电电流的脉宽也就变窄,充电电流减小;当光照强度变弱,端电压下降,占空比变宽,充电电流增加。以这种方式,以 PWM 模式保持充电,当电压达到保护电压 14.5 V[92-93],并可以稳定 60 s 时,控制器自动关闭充电过程,控制器指示灯变绿,意味着充电过程结束。

当蓄电池电压正常时,放电控制开关闭合,灌溉系统可以依据土壤墒情监测系统控制直流电机启停实现挡墙土壤湿度控制。由于连续阴天或者电机连续工作使蓄电池电压小于 10.5 V 临界电压时[94-95],放电控制开关断开,水泵将无法取得电源,此时充放电智能控制器充电状态显示报警,给灌溉控制器发送蓄电池充电不足信号,禁止驱动水泵电机。太阳能电池板充电使蓄电池电压提高,当输出电压超过 11.5 V 时,智能控制器消除蓄电池报警信号,接通放电控制开关,发送蓄电池正常信号;灌溉控制器接收到正常信号后,可以驱动水泵电机实现挡墙土壤湿度自动控制。

5.2 土壤墒情监测系统

5.2.1 土壤墒情监测系统原理

土壤墒情监测主要通过测定土壤水分,然后与土壤的田间持水量进行比较,判断土壤水分盈亏,从而做出是否进行灌溉的决策[96-97],因此是实现自动灌溉的关键技术。

研制的土壤墒情监测系统主要检测土壤湿度和土壤温度(后面称为土壤温湿度传感器),根据实际需求动态调整墒情参数的采集频率,并向服务器发送数据,用户可以通过服务器进行查询、数据分析并提供控制建议方案。

5.2.2 土壤温湿度传感器的选择

为了提高土壤温湿度传感器的一致性和可靠性,经过比选,传感器采用山东建大仁科有限公司生产的土壤温湿度一体化数字传感器。它通过 RS485 与测控系统单元连接,测控单元通过发送 MODBUS 指令直接读取检测到土壤温湿度数字值,其主要性能指标见表 5.2.1。

表 5.2.1 土壤温湿度一体化数字传感器性能指标

性能类型	指标
直流供电(默认)	DC5-30 V
最大功耗	0.4 W
精度	湿度(水分):±3%(5%~95%,25 ℃);温度:±0.5 ℃(25 ℃)
变送器电路工作温度	−40 ℃~+60 ℃,0%RH~80%RH
温度量程	−40 ℃~+80 ℃
湿度(水分)量程	0%~100%
温度显示分辨率	0.1 ℃
湿度(水分)显示分辨率	0.1%
温湿度刷新时间	1 s
长期稳定性	湿度(水分):≤1%/y;温度:≤0.1 ℃/y
响应时间	湿度(水分):≤1 s;温度:≤1 s
输出信号	RS485(Modbus-RTU 协议,默认地址码 1,波特率 4 800,N,8,1)
安装方式	埋入式或插入式

选取型号为 RS-WS-N01-TR 的土壤温湿度一体化数字水分传感器(图 5.2.1),进行室内标定试验后,发现该传感器精度高,输出稳定,响应快,受土壤含盐量影响较小,适用于各种土质,并且可长期埋入土壤中,耐长期电解,耐电腐蚀,抽真空灌封,完全防水。

图 5.2.1　土壤温湿度一体化数字水分传感器

5.2.3　土壤墒情监测系统开发内容

土壤墒情监测系统开发涉及硬件连接和软件读取两个方面[98]。

(1) 土壤墒情传感器与测控模块的硬件接口电路设计。土壤墒情采用 RS485 与测控模块连接,最大可同时连接 32 路传感器。其 RS485 连接转换电路如图 5.2.2。

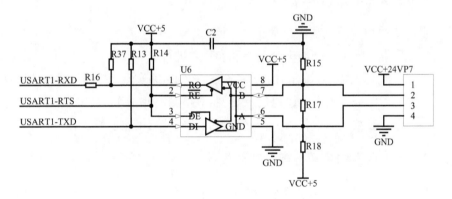

图 5.2.2　RS485 连接转换电路

(2) 土壤墒情传感器与测控模块的软件读取设计。

土壤墒情传感器支持 Modbus 协议,其数据帧格式如下。

地址码:为传感器的 Modbus 地址,出厂默认 0x01。

功能码:传感器使用功能码 0x03(读取寄存器数据)。

数据区:土壤温湿度数据,16bits 数据高字节在前。

CRC 码:二字节的校验码。

寄存器地址定义:

0x0000　湿度

0x0001　温度

读取设备地址 0x01 的温湿度值指令格式：

地址码	功能码	起始地址	数据长度	校验码
0x01	0x03	0x00 0x00	0x00 0x02	0xC4 0x0B

传感器响应：

地址码	功能码	字节数	湿度值	温度值 *	校验码
0x01	0x03	0x04	0x02 0x92	0xFF 0x9B	0x5A 0x3D

（＊当温度低于 0 ℃时采用补码形式）

测控模块的软件定时发送参数读取指令，接收到传感器的响应信息后进行分类保存并简单处理，在服务器需要时，发送参数给服务器。

5.3 自动浇灌控制系统

5.3.1 自动浇灌控制系统的功能

自动浇灌控制系统功能包括 4 个方面：

（1）采集植绿生态挡墙土壤温湿度参数并进行处理；

（2）依据土壤温湿度要求，控制系统根据控制策略实现挡墙喷灌设备的启停；

（3）为了保证野外电池供电的可靠性，应检测电池工作状态；

（4）作业参数数据上传服务器并接收服务器控制策略的修正。

5.3.2 微处理器的资源分配及功能设计

为了降低自动浇灌控制系统的自身功耗和成本，采用基于单片机方式的控制方案，采用 STM32F103RBT6 单片机作为主控。微处理器的资源分配及功能设计如下。

（1）土壤温湿度传感器与微处理器串口 1 连接，依据微处理器的定时器 2 定时 1 s 中断方式读取土壤温湿度。

（2）水泵控制通过微处理器基本 IO 输出控制水泵接触器线圈 24 V 电源，当 IO 输出高电平时，接触器线圈得电，接触器接通，水泵供给 24 V 电源开始工作，当 IO 输出低电平时，水泵停止工作。

（3）供电电池的可靠性检测是利用微处理器的 ADC 检测电池电压，当电池电压低于电池设计的最低电压时，为了保护电池，水泵被禁止工作，当电池电压高于设定值时，喷灌控制策略有效。

（4）数据服务器访问接口(可选)：微处理器通过串口3与4G DTU设备连接，微处理器通过定时器3定时上传采集的温湿度参数和控制参数，并接收服务器控制策略的变更和优化。

自动浇灌控制系统微处理器电路如图5.3.1所示。

自动浇灌控制系统水泵控制和电池电压检测电路如图5.3.2所示。

自动浇灌控制系统默认参数保存电路如图5.3.3所示。

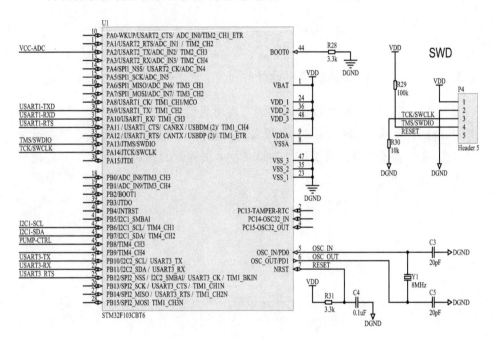

图5.3.1　自动浇灌控制系统微处理器电路

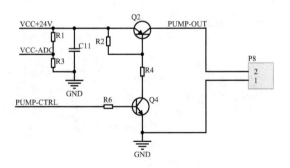

图5.3.2　水泵控制和电池电压检测电路

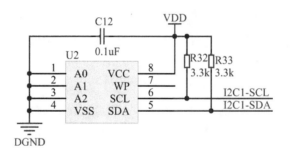

图 5.3.3 默认参数保存电路

5.3.3 自动浇灌控制系统程序设计

为了达到自动控制灌溉的目的,研究人员进行了软件程序设计。当系统通电时,微处理器从存储器 24C64 中读取控制参数默认值,读取电源电压和土壤湿度值,通过微处理器内设定的控制策略及人机界面的设定,控制水泵的启动和停止,其流程如图 5.3.4 所示。

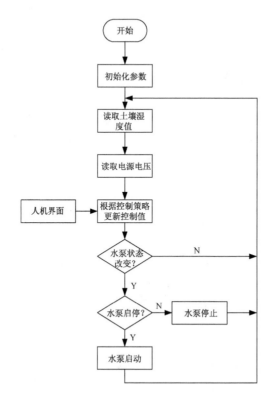

图 5.3.4 控制流程

5.3.4 植绿生态挡墙自动浇灌控制系统

在理论研究的基础上,研究人员制作了植绿生态挡墙自动灌溉系统,由 2 个 17.6 V/100 W 太阳能板(带充电控制器)和 2 个 12 V/100 Ah 铅酸电池组成太阳能供电模块,并制作了塑料板实体模型,如图 5.3.5 所示。

图 5.3.5 植绿生态挡墙实体模型

太阳能供电系统如图 5.3.6 所示,单片机及蓄电池封装在柜内。

图 5.3.6 植绿生态挡墙太阳能供电系统

整个系统如图5.3.7所示。

图5.3.7　基于太阳能的植绿生态挡墙自动灌溉装置

本装置被遴选参加2019年中国创新创业成果交易会,如图5.3.8所示。

图5.3.8　2019年中国创新创业成果交易会展示

　　水利工程中塑造绿色优美的河湖风景和工程景观是一项保护生态环境的工程措施,不仅实现了对河道的生态治理,还可满足人们在水边休闲娱乐的需求。为了保障岸坡上的植被的生长,基于太阳能的自动灌溉系统应运而生。

　　本系统由太阳能供电电源、充放电监控模块和自动灌溉功能模块组成。工作状态时，由太阳能板对蓄电池进行充电，蓄电池供电给控制器和 24 V 直流电机。控制模式有自动和人工两种，当控制模式开关处于手动（人工操控）时，水泵的启动停止受手动启停开关控制，当开关处于 ON 时，水泵启动，喷灌系统启动，当位于 OFF 时，水泵停止，相应的喷灌系统也停止。当控制模式开关位于自动时，可以实现湿度自动模式和定时自动模式，当模式处于湿度自动时，微处理器通过水分传感采集土壤湿度，通过连续数据采集处理和控制策略实现水泵的启动和停止；当模式处于定时自动时，将当前时钟时间与设定时间比较，在设定时间内，水泵启动，否则停止，定时控制方式每天最多设置灌溉 4 次。

第六章 植绿生态挡墙工程应用

6.1 基本情况

植绿生态挡墙是在传统挡墙临水侧墙面上增加数排生态种植槽,槽内覆土植绿后,可达到美化生态环境的效果,解决了传统混凝土挡墙缺乏生态性的技术难题,还能有助于不幸落水者攀爬上岸自救,有两种施工方法。植绿生态挡墙充分利用了传统挡墙结构稳定、经久耐用、技术成熟、节省用地、造价适中、方便运行管理等优点。

植绿生态挡墙得到广东省普通高校特色创新项目(2019GKTSCX048)、广东水利电力职业技术学院科研创新项目(CY604ZK03)的资助,入选并参展2018年、2019年中国创新创业成果交易会,被写入2019年广东省水利厅发布的《广东省水利工程生态建设指导意见》、广东省地方标准《水利工程生态设计导则》(送审稿)。该成果在广东省太平河、富梅河、叉仔河、排沙水、鲤鱼河、大八河、倒流河、武陵河、官渡河、碧山河等河道治理工程中得到应用。

为便于后文介绍,根据SL379—2007《水工挡土墙设计规范》、GB50286—2013《堤防工程设计规范》及相关研究成果,将植绿生态挡墙应用中需要采用的公式汇总如下。

(1) 植绿生态挡墙所在堤防整体抗滑稳定性复核。将植绿生态挡墙作为堤防的一部分,按照GB50286—2013《堤防工程设计规范》附录F规定,对加固段堤坡进行抗滑稳定计算。施工期采用总应力法,稳定渗流期采用有效应力法,水位骤降期同时采用总应力法和有效应力法,并以较小的安全系数为准。

圆弧滑动(图6.1.1)稳定安全系数可按下列公式计算。

瑞典圆弧法计算公式为

$$K = \frac{\sum \{[(W \pm V)\cos\alpha - ub\sec\alpha - Q\sin\alpha]\tan\varphi' + c'b\sec\alpha\}}{\sum [(W \pm V)\sin\alpha + M_c/R]} \quad (6.1.1)$$

简化毕肖普法计算公式为

$$K = \frac{\sum \{[(W \pm V)\sec\alpha - ub\sec\alpha]\tan\varphi' + c'b\sec\alpha\} / (1 + \tan\alpha\tan\varphi'/K)}{\sum [(W \pm V)\sin\alpha + M_C/R]}$$

(6.1.2)

式中：W——土条重量；

　　Q、V——水平和垂直地震惯性力（V 向上为负，向下为正）；

　　u——作用于土条底面的孔隙压力；

　　α——条块重力线与通过此条块底面中点的半径之间的夹角；

　　b——土条宽度；

　　c'、φ'——土条底面的有效凝聚力和有效内摩擦角；

　　M_C——水平地震惯性力对圆心的力矩；

　　R——圆弧半径。

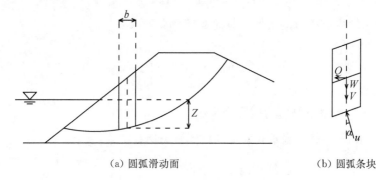

　　　　（a）圆弧滑动面　　　　　　　　　　（b）圆弧条块

图 6.1.1　圆弧滑动条方法计算

运用式（6.1.1）、式（6.1.2）时，应符合下列规定。

①静力计算时，地震惯性力应等于零。

②施工期，堤坡条块应为实重（设计干容重加含水率）。如堤基有地下水存在时，条块重应为 $W = W_1 + W_2$。W_1 应为地下水位以上条块湿重，W_2 应为地下水位以下条块浮重。采用总应力法计算，孔隙压力应 $u=0$，c'、φ' 应为 c_u、φ_u。

③稳定渗流期有效应力法计算，孔隙压力 u 应用 $u - \gamma_w Z$ 代替。u 应为稳定渗流期的孔隙压力，条块重应为 $W = W_1 + W_2$。W_1 应为外水位以上条块实重，浸润线以上为湿重，浸润线和外水位之间应为饱和重；W_2 应为外水位以下条块浮重。

④水位降落期，用有效应力法计算时，应按降落后的水位计算。用总应力法

时，c'、φ'应采用c_{cu}、φ_{cu}；分子应采用水位降落前条块重$W = W_1 + W_2$，W_1应为外水位以上条块湿重，W_2应为外水位以下条块浮重，u应用$u_i - \gamma_w Z$代替，u_i应为水位降落前孔隙水压力；分母应采用河水位降落后条块重$W = W_1 + W_2$，W_1应为外水位以上条块实重，浸润线以上为湿重，浸润线和外水位之间应为饱和重，W_2应为外水位以下条块浮重。

（2）植绿生态挡墙的抗滑稳定复核计算公式为

$$K_c = \frac{f \sum G}{\sum H} \tag{6.1.3}$$

式中：K_c——沿建基面的抗滑稳定安全系数；

f——挡墙底面与地基之间的摩擦系数；

$\sum G$——作用在挡墙上的全部竖向荷载；

$\sum H$——作用在挡墙上的全部水平荷载。

（3）植绿生态挡墙的抗倾覆稳定复核计算公式为

$$K_0 = \frac{\sum M_V}{\sum M_H} \tag{6.1.4}$$

式中：K_0——挡墙抗倾覆稳定安全系数；

$\sum M_V$——对挡墙基底前趾的抗倾覆力矩；

$\sum M_H$——对挡墙基底前趾的倾覆力矩。

（4）植绿生态挡墙的基底应力计算公式为

$$P_{\min}^{\max} = \frac{\sum G}{A} \pm \frac{\sum M}{W} \tag{6.1.5}$$

式中：$P_{\min}^{\max}$——挡墙基底应力的最大值或最小值；

$\sum M$——作用在挡墙的全部荷载对于水平面平行前墙墙面方向形心轴的力矩之和；

$\sum G$——作用在挡墙的全部垂直于水平面的荷载；

A——挡墙基底面的面积；

W——挡墙基底面对于基底面平行前墙墙面方向形心轴的截面矩。

（5）植绿生态挡墙种植槽与挡墙混凝土同步浇筑时槽壁厚度复核计算公式

为

$$d = \sqrt{\frac{3k\gamma_w v^2}{[\sigma]g} \cdot \frac{1-\cos\theta}{\sin\theta}} \cdot H_0 \qquad (6.1.6)$$

式中：d——种植槽槽壁厚；

k——绕流系数，$0.7\sim1.0$，一般取 1.0；

γ_w——水的容重；

v——靠近挡墙种植槽槽壁处的水流断面平均流速，可按压缩断面的平均流速考虑，也可近似取种植槽河道水流的平均流速；

θ——水流冲击方向与挡墙种植槽的夹角；

$[\sigma]$——混凝土材料允许拉应力；

g——重力加速度；

H_0——种植槽槽壁高度。

（6）对于先阶梯后砌筑槽壁的施工方法，种植槽砌体槽壁厚度复核计算公式为

$$d = \sqrt{\frac{3k\gamma_w v^2 \cdot \tan\dfrac{\theta}{2} - \gamma_t' K_a H_0 g}{([\sigma] + \gamma_{mu}' H_0 + p_r)g}} \cdot H_0 \qquad (6.1.7)$$

式中：d——种植槽壁砌体厚度；

k——绕流系数，$0.7\sim1.0$，一般取 1.0；

γ_w——水的容重；

g——重力加速度；

θ——水流冲击方向与挡墙种植槽的夹角；

v——靠近挡墙种植槽槽壁处的水流断面平均流速，可按压缩断面的平均流速考虑，也可近似取种植槽河道水流的平均流速；

H_0——种植槽槽壁高度；

γ_t'——土体的浮容重；

K_a——种植槽内填土的主动土压力系数，$K_a = \tan^2(45° - \varphi/2)$，$\varphi$ 为填土内摩擦角；

$[\sigma]$——砌体沿齿缝弯曲抗拉的允许拉应力；

γ_{mu}'——种植槽壁砌体的浮容重；

p_r——人员活荷载。

（7）植绿生态挡墙墙脚外局部冲刷深度计算可按式(6.1.8)—式(6.1.11)计算。

$$h_s = h_0 \left[\left(\frac{U_{cp}}{U_c} \right)^n - 1 \right] \tag{6.1.8}$$

$$U_{cp} = U \frac{2\eta}{1+\eta} \tag{6.1.9}$$

$$U_c = \left(\frac{h_0}{d_{50}} \right)^{0.14} \sqrt{17.6 \frac{\gamma_s - \gamma_w}{\gamma_w} d_{50} + 0.000\,000\,605 \frac{10 + h_0}{d_{50}^{0.72}}} \tag{6.1.10}$$

$$U_c = 1.08 \sqrt{g \cdot d_{50} \frac{\gamma_s - \gamma_w}{\gamma_w} \cdot \left(\frac{h_0}{d_{50}} \right)^{\frac{1}{7}}} \tag{6.1.11}$$

式中：h_s——局部冲刷深度；

$\quad h_0$——发生冲刷前冲刷处的水深；

$\quad U_{cp}$——近岸垂线平均流速；

$\quad U_c$——泥沙起动流速，对于黏性和砂质河床采用式(6.1.9)计算；对于卵石的起动流速，采用式(6.1.10)计算；

$\quad U$——行近流速；

$\quad n$——与防护岸坡在平面上的形状有关，取 $n = 1/4 \sim 1/6$，护岸平顺可取小值；

$\quad \eta$——水流流速不均匀系数，根据水流流向与岸坡交角 α 查表6.1.1确定；

$\quad d_{50}$——河床砂的中值粒径；

$\quad \gamma_s$——泥沙的容重；

$\quad \gamma_w$——水的容重。

表 6.1.1　水流流速不均匀系数

α	≤15°	20°	30°	40°	50°	60°	70°	80°	90°
η	1.00	1.25	1.50	1.75	2.00	2.25	2.50	2.75	3.00

6.2　恩平市太平河治理工程

本节内容参考了《恩平市太平河治理工程初步设计报告》（江门市科禹水利规划设计咨询有限公司，2019）及文献[99]。

6.2.1 工程概况

太平河发源于恩平市良西镇牛仔颈岭东侧,向东流经良西镇雁鹅村、良东村,圣堂镇三山村、区村、水塘村以及君堂镇东北雁村、太平村、永华村、江洲圩社区、堡城村后注入锦江,为锦江一级支流,流域面积49.1 km²,干流河长19.43 km,河道比降1.0‰。受南海海洋性气候影响,流域台风活动频繁,多年平均降雨量为2 279 mm。

太平河河道淤积严重,两岸杂草、灌木较多,部分河道被挤占,影响行洪,局部河段岸坡不稳,容易塌岸。上游段河道主河槽蜿蜒曲折,弯道众多;中游段较顺直;下游段多急弯,堤防迎流顶冲,多处堤脚已被冲刷淘空,出现塌方险情,威胁堤身安全。两岸大部分河堤建于二十世纪六十年代,多年来管理养护不到位且没有进行过达标加固,存在不同程度的安全隐患。由于河流比降较大,且受锦江水位顶托,洪峰来势凶猛,水位上升快,严重威胁附近城镇、村庄、农田等人民生命财产安全,存在较大安全隐患。特别是桩号K9+301—K9+485段,河道由顺直急转90°,在2008年、2015年和2018年均出现滑坡险情(图6.2.1—图6.2.2),亟需治理。

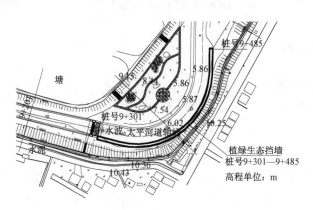

图6.2.1 太平河桩号 K9+301—K9+485 迎流顶冲堤段

治理工程范围内的保护对象为村庄、农田,人口小于20万人,根据GB 50201-2014《防洪标准》,防护等级为Ⅳ等,设计防洪标准为10～20年一遇。按照中小河流的治理原则及《广东省中小河流治理工程设计指南(试行)》,农田保护区的河道治理宜以岸坡防冲、疏通和稳定河槽为主要目的,允许洪水在农作物耐受时间内淹浸农田。乡镇人口密集区的洪水标准取10～20年一遇,村庄人口密集区的洪水标准取 5～10 年一遇，农田因地制宜，按照 5 年一遇以下洪水标准或不设防考虑。同一条河流可根据不同区域保护对象不同分区分段确定防洪标准。各防护区可根据实际情况对标准做适当调整。所以，君堂镇段（桩号 7＋120 至 12＋100 段）防洪标准取 10 年一遇。根据《水利水电工程等级划分及洪水标准》和《堤防工程设计规范》，工程堤防级别定为 5 级，主要建筑物级别为 5 级，次要建筑物及临时建筑物均为 5 级。

图 6.2.2 桩号 K9＋350 出险现场（2018 年）

6.2.2 植绿生态挡墙

6.2.2.1 方案比选

由于出险堤段迎流顶冲，临水侧堤坡需要采取坚固的抗冲措施。工程上可选择的处理措施有多种，如浆砌石挡墙、混凝土挡墙、格宾石笼挡墙、混凝土预制块挡墙等，都具有很好的抗冲刷性能。传统的浆砌石挡墙、混凝土挡墙具有安全可靠、技术成熟等优点，但其外表面僵硬、陡立，缺乏生态特性，不幸落水者难以攀爬上岸自救[100]。格宾石笼挡墙、混凝土预制块挡墙虽具有生态特性，但其耐久性尚没有得到长期检验，尤其是格宾石笼挡墙，当表层金属网破损后，就成为一堆散体块石。混凝土预制块挡墙较为单薄，一般应用于高度在 5 m 以下、河段较为顺直的堤防边坡。

结合本工程实际情况，采用植绿生态挡墙，即将传统混凝土挡墙外墙面适当放缓，设置数排种植槽进行植绿，赋予传统混凝土挡墙生态性，方便不幸落水者沿种植槽攀爬上岸，大大提高了落水者生还概率。该成果被写入《广东省水利工程生态建设指导意见》：对使用混凝土、浆砌石等材料的坞工挡墙，可考虑在临水侧墙面上设置数排生态种植槽以进行植绿。为减小挡墙断面，将植绿生态挡墙直立式墙背改为仰斜式，可减少边坡开挖回填量，也节省混凝土用量，从而降低工程造价[101]（图 6.2.3）。

6.2.2.2　植绿生态挡墙设计

根据前期研究成果，植绿生态挡墙影响工程造价及生态性能的主要设计参数有：挡墙临水侧背水侧综合坡比，上下相邻两排种植槽的间距，种植槽壁厚、槽深、槽宽。上下相邻两排种植槽的垂直间距主要考虑方便落水者攀爬上岸，以及种植槽内植物高度可覆盖槽壁。种植槽槽壁厚度主要考虑抗水流冲击能力等以保证槽壁自身的结构稳定性。种植槽净深与净宽主要考虑植物生长需要的土层

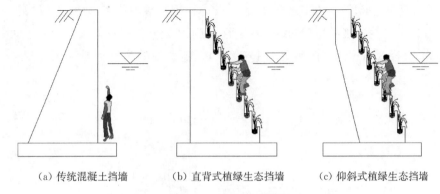

　（a）传统混凝土挡墙　　　（b）直背式植绿生态挡墙　　　（c）仰斜式植绿生态挡墙

图 6.2.3　植绿生态挡墙

厚度，草本花卉为 30 cm，小灌木为 45 cm[102]。若条件允许，应尽量放缓临水侧综合坡比，减小上下相邻两排种植槽的间距，加大槽宽，力求在挡墙面上形成全覆盖的生态美景，并方便不幸落水者自救。

为在生态效果与工程造价方面取得相对平衡，一组较为经济、生态的设计参数为：挡墙临水侧综合坡比取 1∶0.5、上下相邻两排种植槽的间距取 80 cm、种植槽壁厚 10 cm、槽净深 40 cm、槽净宽 30 cm（表 6.2.1）。

表 6.2.1　植绿生态挡墙经济生态的设计参数与工程实际设计参数对比

挡墙参数	挡墙面综合坡比	相邻槽距（cm）	槽壁厚（cm）	槽壁高（cm）	槽净宽（cm）	墙背坡比（仰斜式）
经济生态的设计参数	1∶0.5	80	10	40	30	1∶0.75
工程实际设计参数	1∶1.5	60~70	15	40	65	1∶0.6

根据太平河出险段地形与地质条件，经方案比选后，采用仰斜式植绿生态挡

墙。在临水侧墙面上设置4排种植槽,上下两排相邻种植槽距60～70 cm,种植槽净宽65 cm,净深40 cm,充填种植土厚30 cm,槽壁厚15 cm,挡墙面综合坡比为1:1.5,墙背综合坡比为1:0.6(表6.2.1)。

从表6.2.1可知,本工程实际采用的设计参数较为宽松,挡墙面较缓,相邻槽距较小,槽壁较厚,槽净宽也较大,为形成生态效果提供了较好的条件。为防止水流冲刷淘空墙脚,在挡墙脚设置宽厚各1 m的干砌石护脚。为增加挡墙结构稳定性,墙身设置了间距2 m直径50 mm的PVC排水管,并开口于种植槽内。这种方式在降低挡墙后地下水位的同时,还可将挡墙后方地下水引入种植槽,为槽内植物提供水分。为减少水流对种植槽土体的不利冲刷,种植槽中每隔50 m砌筑一道隔墙,并在种植槽底部开设小孔排除槽内积水,以利于植物生长(图6.2.4)。为增加种植槽的结构稳定性,施工中还在槽壁混凝土中配置了间距0.5 m、直径8 mm的竖向钢筋(图6.2.5)。施工后的生态美景见图6.2.6—图6.2.7。

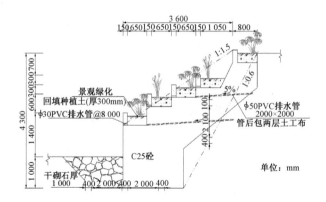

图6.2.4　太平河桩号K9＋301—K9＋485出险堤段植绿生态挡墙设计图

图6.2.5　太平河桩号K9＋301—K9＋485出险堤段植绿生态挡墙施工现场

图6.2.6 太平河植绿生态挡墙(建成) 图6.2.7 太平河植绿生态挡墙生态美景

6.2.3 植绿生态挡墙稳定性复核

从整体到局部,稳定性复核可从堤防整体抗滑稳定性、植绿生态挡墙结构稳定性、种植槽槽壁结构稳定性、冲刷深度计算等方面分别进行复核。

6.2.3.1 堤防整体抗滑稳定性复核

将植绿生态挡墙作为堤防的一部分,按照GB50286—2013《堤防工程设计规范》附录F规定,对加固段堤坡进行抗滑稳定性计算。施工期采用总应力法,稳定渗流期采用有效应力法,水位骤降期同时采用总应力法和有效应力法,并以较小的安全系数为准。可根据瑞典圆弧法按式(6.1.1)计算。

计算时考虑地形、地质、填土高度等条件,选择桩号K9+350断面进行稳定性计算,计算参数根据地质报告选取(表6.2.2)。

表6.2.2 抗滑稳定计算参数

层序	土层	湿容重 $(kN \cdot m^{-3})$	浮容重 $(kN \cdot m^{-3})$	快剪		固结快剪		慢剪	
				$c(kPa)$	$\varphi(°)$	$c(kPa)$	$\varphi(°)$	$c(kPa)$	$\varphi(°)$
①	填筑土	18.78	8.96	33.1	16.0	27.7	20.4	24.4	24.3
②	含泥质砂	17.80	8.21	4.0	22.0	4.0	25.0	4.0	26.0
③	粉质黏土	19.25	9.40	21.2	16.0	19.8	22.2	17.1	24.5
④	黏土	18.14	8.19	23.6	12.1	19.2	16.8	17.2	22.1

采用河海大学编制的"土石坝稳定分析系统"中的瑞典圆弧法进行边坡稳定性计算,计算结果均满足规范要求(表6.2.3)。

表 6.2.3　加固后堤坡抗滑稳定性计算成果表

计算工况	临水坡	背水坡	允许值
设计洪水位稳定渗流期	/	2.04	≥1.10
水位降落	1.44	/	≥1.10
施工期	2.35	2.83	≥1.05

6.2.3.2　结构稳定性复核

根据 SL379—2007《水工挡土墙设计规范》,分别计算土质地基上挡墙沿基底面的抗滑稳定安全系数、抗倾覆稳定安全系数、挡墙基底压应力等,具体参照式(6.1.3)—式(6.1.5)。植绿生态挡墙计算参数根据地质条件选取列于表 6.2.4 中。

表 6.2.4　植绿生态挡墙计算参数表

墙底土层	摩擦系数	承载力 f_{ak}(kPa)	天然密度 ρ(g·cm^{-3})	强度指标	
				c(kPa)	φ(°)
粉质黏土	0.25	150	1.88	27.7	20.4

采用理正挡墙软件进行计算,计算结果见表 6.2.5。从表 6.2.5 可知,植绿生态挡墙地基承载力、抗滑稳定安全系数、抗倾覆稳定安全系数均满足规范要求。

表 6.2.5　植绿生态挡墙计算成果表

荷载组合	计算工况	基底应力		抗滑稳定系数		抗倾覆稳定系数	
		平均基底应力(kPa)	承载力(kPa)	K_c	$[K_c]$	K_0	$[K_0]$
基本组合	完建工况	41.65	150	4.41	1.20	44.66	1.40
	正常蓄水位工况	31.72	150	3.82	1.20	2.72	1.40
特殊组合	施工期	62.09	150	3.28	1.05	26.97	1.30

6.2.3.3　种植槽槽壁结构稳定性复核

种植槽槽壁结构稳定性主要取决于槽壁混凝土强度、厚度及高度。当混凝土生态种植槽与挡墙混凝土一起浇筑时,槽壁厚度 d 可按式(6.1.6)计算。

根据工程实际情况,取 $\theta=90°$,$v=3.62$ m/s,$k=1.0$,C20 混凝土 $[\sigma]=1\,100$ kPa,$\gamma_w=10$ kN/m³,$H_0=0.4$ m,代入式(6.1.5),可计算得 $d=0.076$ m。为方便施工,取 $d=10\sim15$ cm。本工程种植槽厚取 15 cm,施工过程中还配有直径 8 mm 的竖向钢筋。经验算,即使忽略钢筋作用,槽壁混凝土此时可承受

7.2 m/s 的水流冲击,具有较大的安全储备。

6.2.3.4　冲刷深度计算

植绿生态挡墙基础埋深应根据冲刷深度确定。根据式(6.1.8)—式(6.1.10),计算结果列于表 6.2.6 中。

表 6.2.6　断面冲刷深度计算表

桩号	h_0 (m)	d_{50} (m)	γ_s (kN/m³)	γ (kN/m³)	U_c (m/s)	U (m/s)	α (°)	η	U_{cp} (m/s)	n	h_s (m)
8+701	7.69	0.001 8	21	10	0.61	0.777	0	1.00	0.777	0.167	0.32
9+649	7.96	0.001 8	21	10	0.61	0.775	24	1.27	0.870	0.167	0.47

根据表 6.2.6 的计算成果,河道的冲刷深度为 0.32~0.47 m,本次埋深取 0.70 m,满足抗冲刷要求。

植绿生态挡墙以传统混凝土挡墙为基础,通过在墙面上设置数排种植槽,赋予传统混凝土挡墙以生态特性,同时,适当的槽距可方便不幸落水者攀爬上岸自救。植绿生态挡墙主要设计参数有:挡墙临背水侧综合坡比,上下相邻两排种植槽的间距,种植槽壁厚、槽深、槽宽,这些参数直接影响工程造价及生态性能。除考虑生态特性外,还应把握结构稳定性复核,包括堤坡整体稳定性、挡墙自身稳定性及种植槽结构稳定性 3 个方面。与传统混凝土挡墙相比,种植槽结构稳定性是新增的需要复核的内容。太平河堤防加固工程表明,植绿生态挡墙结构稳定性均满足规范要求,在可用传统混凝土挡墙之处,亦可采用植绿生态挡墙,其生态性应用前景可期。

6.3　陆河县富梅河治理工程

本节内容主要参考《陆河县富梅河(河田镇段)治理工程初步设计报告》(汕尾市水利水电建筑工程勘测设计室,2019)及文献[103]。

6.3.1　工程概况

富梅河属于南告河一级支流,发源于上护镇与南万镇分界线的高棚坳上的痢痢凸,流至共联村。该流域面积约 26 km²,河流总长 15.4 km,河床平均比降 45.3‰。富梅河(河田镇段)河流治理工程位于河田镇北面螺河上游及南告河与南告河支流富梅河的交汇处的上游,工程整体位于富梅水库下游至富梅河与南告河交汇口上游 1.23 km(图 6.3.1)。

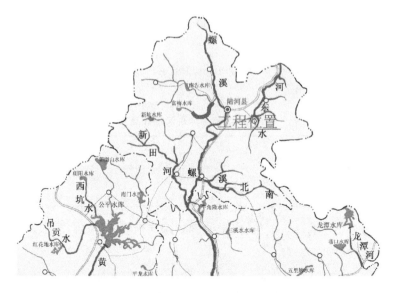

图 6.3.1　富梅河治理工程所在位置示意图

流域水量充沛,湿润多雨,山高坡陡,溪河狭窄,洪水汇流时间短,河水易暴涨,易造成山洪灾害。受季风低压影响,2018 年 8 月 27 日 8 时开始,陆河县遭遇持续强降雨,至 9 月 1 日 8 时止,全县 8 个镇的降雨量全部超过 550 mm,其中河口镇新河工业园区降雨量达 1 062 mm。强降水造成大量水利设施被洪水损毁,其中左岸桩号 A5+575—A5+835 较为严重,沿河路堤坍塌(图 6.3.2),随后经抢险临时修复(图 6.3.3)。

图 6.3.2　富梅河 2018 年"8·30"水毁(左岸桩号 A5+575—A5+835)

图 6.3.3 富梅河 2018 年"8·30"水毁临时修复后情景

6.3.2 路堤加固设计

路堤加固设计以"满足河道体系的防洪功能,有利于河道系统生态"为原则,结合流速、景观等因素,因地制宜,就地取材。堤型的选择除满足工程渗透稳定和滑动稳定等安全条件外,还应结合生态保护或恢复技术要求。由于受占地限制,只能选择挡墙加固。为此,提出两种方案供比选:混凝土植绿生态挡墙、格宾石笼挡墙(表 6.3.1)。

表 6.3.1 路堤加固设计方案比选

备选方案	造价	施工实施	使用及运行管理	生态性	比较结论
植绿生态挡墙	造价较高	机械化施工进度快,施工方便、质量容易保证	整体性好、耐久性好	生态性较好	推荐方案
格宾石笼挡墙	造价较低	施工进度快,施工方便、可水下施工	整体性较好,运行时容易挂垃圾,需经常维护,耐久性一般	生态性好	比较方案

左岸桩号 A5+575—A5+835 为"8·30"洪水冲毁最为严重段,且沿岸村庄、人口密集。原护岸为自然护坡,护岸顶相对河底最高为 4.3 m。因为该段紧临村庄,且护岸边有一条村公路,护岸陡高,无防护措施,坡式护岸的条件极其困难。结合现状地形特点、工程目的以及生态治理的角度综合考虑,该段设计采用重力式混凝土植绿生态挡墙,墙顶设仿木混凝土护栏。植绿生态挡墙有如下特点。

(1)充分利用混凝土挡墙临水侧的仰斜面,在墙面上设置数排生态种植槽,在槽内充填种植土,根据当地气候、气象、水文、设计水位、常水位条件及景观要求,选择适宜的景观植物。

(2) 为抵抗水流冲刷、降低施工成本,混凝土种植槽壁厚不宜小于 10 cm 且不宜大于 15 cm。种植槽壁高可取 40～50 cm,相邻上下两排槽距可取 60～100 cm,这一高差有助于不幸落水者攀爬上岸。

(3) 混凝土挡墙临水侧可达到植被全覆盖的生态效果,为动植物提供生长栖息空间,充分体现以人为本、人水和谐共处的治水理念。

具体设计参数为:挡墙高 5.30～5.50 m,临水侧墙面上设置 5 排生态种植槽,相邻槽距 1.0 m,槽深 40 cm,槽宽 40 cm,壁厚 10 cm。图 6.3.4 为左岸桩号 A5＋750 设计剖面图。

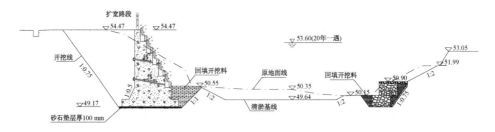

图 6.3.4　富梅河左岸桩号 A5＋750 设计剖面(左侧为植绿生态挡墙)

6.3.3　植绿生态挡墙稳定性复核

6.3.3.1　植绿生态挡墙结构稳定性计算

植绿生态挡墙的抗滑稳定按式(6.1.3)计算,抗倾覆稳定性按式(6.1.4)计算。

取左岸桩号 A5＋750、A5＋850 处植绿生态挡墙进行验算,挡墙抗滑及抗倾覆稳定性计算均满足要求(表 6.3.2)。

表 6.3.2　植绿生态挡墙抗滑及抗倾覆稳定性计算成果表

桩号	工况	抗滑安全系数 K_c	抗滑安全系数允许值 $[K_c]$	抗倾覆安全系数 K_0	抗倾覆安全系数允许值 $[K_0]$	是否满足稳定要求
A5＋850	正常运用(低水位)	2.82	1.20	1.73	1.40	满足
	非常运用Ⅰ(完建)	3.52	1.05	4.48	1.30	满足
A5＋750	正常运用(低水位)	1.74	1.20	1.42	1.40	满足
	非常运用Ⅰ(完建)	2.22	1.05	3.53	1.30	满足

植绿生态挡墙的基底应力按式(6.1.5)计算。经计算,左岸桩号 A5+750、A5+850 处植绿生态挡墙基底应力、最大最小应力比满足要求,地基承载力满足要求(表 6.3.3)。

表 6.3.3　植绿生态挡墙基底应力计算成果表

桩号	工况	墙趾处应力(kPa)	墙踵处应力(kPa)	平均应力(kPa)	最大最小应力比	地基允许承载力(kPa)	是否满足承载力要求
A5+850	正常运用(低水位)	45.92	23.08	34.50	1.99	200	满足
	非常运用Ⅰ(完建)	58.59	35.21	46.90	1.66	200	满足
A5+750	正常运用(低水位)	44.65	24.04	34.35	1.86	200	满足
	非常运用Ⅰ(完建)	52.66	51.53	52.10	1.02	200	满足

6.3.3.2　植绿生态挡墙基础埋深计算

山区河流应特别注意基础埋深设计。许多建筑物因基础被掏空而垮塌。冲刷深度可按式(6.1.8)—式(6.1.10)计算。

根据工程地质条件及实际地形情况,冲刷深度计算成果列于表 6.3.4 中,局部最大冲刷深度 $h_s=0.92$ m,设计埋深 1.00 m。

表 6.3.4　冲刷深度计算成果表

h_0 (m)	d_{50} (m)	γ_s (kN/m³)	γ_w (kN/m³)	α (°)	η	U (m/s)	U_c (m/s)	U_{cp} (m/s)	h_s (m)
5.30	0.008	21	10	23	1.25	2.30	0.98	2.56	0.92

从前述植绿生态挡墙基础埋深设计及稳定性复核结果来看,在可用传统混凝土挡墙之处,均可采用混凝土生态挡墙。二者差别之处,就在于临水侧墙面上是否具有种植槽,从而是否具有生态特性。

根据工程实际情况,施工中没有采用种植槽与墙身混凝土同时浇筑的方法,而是采用先阶梯后砌筑槽壁的施工方法(图 6.3.5—图 6.3.6)。

植绿生态挡墙在传统混凝土挡墙的基础上,在临水侧墙面上增加若干种植槽,并进行景观绿化,可在临水侧形成植被全覆盖的生态美景,还可为动物生长提供栖息空间。对干旱季节,还可设置自动浇灌系统,对种植槽内植物进行养护。此外,间距 1 m 左右的种植槽有助于不幸落水者攀爬上岸,充分体现以人为本、人水和谐共生的理念,也为广东省率先建成部分"水清岸绿、鱼翔浅底,水草丰美、白鹭成群"的万里碧道添砖加瓦。

图 6.3.5　先阶梯后砌筑槽壁施工方法(先阶梯)

图 6.3.6　先阶梯后砌筑槽壁施工方法(后砌筑槽壁)

6.4 遂溪县叉仔河治理工程

传统混凝土挡墙技术成熟、应用广泛,但缺乏生态特性。特别是应用到城市防洪堤时,还存在减少河道糙率、加快洪水流速、减少支流汇入主流时间、影响生物栖息、减小河道自净能力等缺点[104]。更有甚者,对不幸落水者,陡立的临水侧外墙大大减小生还概率。传统堤防建设对河流形态多样性重视不足[105],在不同程度上造成河流形态的均一化和不连续化,导致生物群落多样性的下降[106]。现代河道治理思路有所转变,为打造"水清岸绿、鱼翔浅底,水草肥美、白鹭成群"的生态廊道,尽量不采用混凝土、浆砌石挡墙等刚性支挡结构型式,力争为河流形态多样性创造条件[107]。但对于迎流顶冲、险工险段,传统混凝土挡墙还是最为安全可靠的结构型式。当不得不采用刚性支挡结构时,也应尽量赋予其生态特性。如果放缓传统混凝土挡墙临水侧外墙,在墙面上布置数排种植槽,即为植绿生态挡墙,种植适宜的景观植物后,可形成全覆盖的生态美景,可克服上述缺点。但放缓临水侧外墙后,无疑会加大挡墙断面,增加投资。现结合混凝土植绿生态挡墙在叉仔河治理中的应用,讨论混凝土植绿挡墙的设计优化。本节内容主要参考《遂溪县叉仔河(进风村至河口段)治理工程初步设计报告》(湛江市高远工程咨询有限公司,2019)及文献[108]。

6.4.1 工程概况

叉仔河位于广东省遂溪县西北部、雷州半岛北部湾东岸,独流入海,流域面积 50.6 km²,河道平均比降 2.1‰(图 6.4.1)。流域多年平均降水量为 1 729 mm,最大年降雨量为 2 534.8 mm(1981 年)。叉仔河沿线绝大部分为河流冲积地、坡地地貌,总体地势北高南低。河堤河道蜿蜒曲折、宽窄不一,两岸侧均为农田及村庄,地面高程 1.15~19.24 m,高差约 18 m。

叉仔河两岸地层主要有:全新统冲积淤泥质土层、中更新统北海组冲积中粗砂及粉质黏土层、下更新统湛江组海陆交互相黏土层。主要工程地质问题为堤身土质较松散,堤基存在抗滑稳定、渗透及渗透变形、抗冲刷能力差等问题,局部出现坍塌现象。

每次台风带来的狂风暴雨,加上潮水顶托,致使叉仔河河水猛涨,河岸受冲刷崩塌,中下游涝浸成灾。河口段原本河面较宽,因多年未整治,沿河淤积严重,河槽浅窄,水生态环境恶化。村镇河段占河违建严重,建筑垃圾、生活垃圾随意

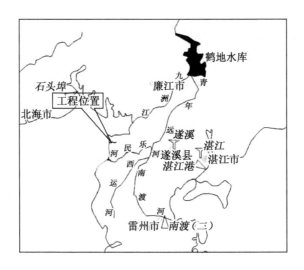

图 6.4.1 叉仔河地理位置示意图

往河道倾倒,甚至侵占河道开挖鱼塘。沿河农业区建设开发项目水土流失严重,导致河道淤积,水体富营养化,对河道生态造成严重影响(图 6.4.2)。

图 6.4.2 叉仔河口段现状图

河道治理工程拟通过清淤疏浚、清理违建,恢复河道自然生态,并结合乡镇发展规划和沿岸乡村的生态文明村建设发展需求,在河口段重点打造自然生态、优美和谐的滨河绿道,通过修建亲水平台,建设观景凉亭等亮点工程,努力创造环境优美、宜居宜游的自然生态河流,营造人与自然和谐共处的水域空间。

6.4.2 植绿生态挡墙设计及优化

为建设美丽乡村,现对叉仔河进行整治,打造景观工程,清淤后拟采用常规的混凝土挡墙[图 6.4.3(a)]。传统混凝土挡墙适用范围广,但墙面陡立、僵硬,缺少生态特性,一般可在墙顶设一排种植槽,但生态性仍然不足,且不利于落水者攀爬上岸自救,这与加强生态文明建设、人水和谐共生的现代治水理念不相协调。

为避免人为造成河道岸墙直立,将临水侧墙面后退,建成阶梯状[图 6.4.3 (b)]。根据粤水办〔2019〕3 号文的要求,采用混凝土植绿生态挡墙[图 6.4.3 (c)]。

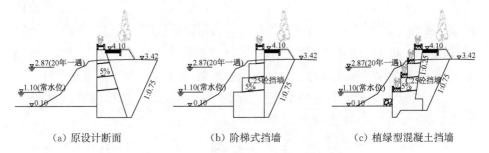

(a) 原设计断面   (b) 阶梯式挡墙   (c) 植绿型混凝土挡墙

图 6.4.3 叉仔河混凝土植绿生态挡墙优化

根据地形及地质资料,叉仔河河口段地层分布有人工填土、淤泥质土、中粗砂、粉质黏土及黏土,河道淤积较为严重。挡墙建基面为中粗砂层,地基承载力允许值为 180 kPa。挡墙高 4.5 m,可设置 4 排种植槽,槽距 1.00 m 左右。为了更好地营造生态效果,将阶梯加宽到 0.80～1.00 m。最底排阶梯高程与常水位持平,宽 1.00 m。上排各阶梯均为高 1.00 m、宽 0.65 m。临水侧墙面综合坡比为 1∶0.8。阶梯外边缘砌筑砖墙,高 0.40 m,两侧水泥砂浆抹面后形成厚 0.15 m 的砖墙,则可得到净宽为 0.65～0.85 m 的种植槽。该宽度远大于前面提到的 0.30 m,因此,生态效果将会更显著。

现有两个问题需解决:一是底排种植槽顶距河床 1.40 m,高差较大,不方便落水者攀爬上岸;二是阶梯式挡墙断面较大,需要混凝土方量较多。从表 6.4.1 可知,与传统挡墙相比,单位长度阶梯式挡墙混凝土方量有所增加,模板量有所减少,综合造价相对较高,从传统挡墙的 8 744.74 元/m 增加到 9 318.37元/m,增加比例为 6.56%。为此,需要进行设计优化。

表 6.4.1　各挡墙造价对比

方案	混凝土（m³）	模板（m²）	砖墙（m³）	种植土（m³）	植绿（m²）	护脚格宾（m³）	造价（元）
传统挡墙	11.04	10.26	0.12	0.195	0.65		8 744.74
阶梯式挡墙	11.88	9.60	0.12	0.195	0.65		9 318.37
植绿生态挡墙	8.92	8.19	0.03	0.840	2.80	0.50	7 318.36
单价	730.31	60.35	353.69	22.130	24.88	421.73	

　　为了达到更好的生态效果,维持临水侧综合坡比不变。考虑到仰斜式挡墙断面较为经济[109],将阶梯式挡墙调整为仰斜式挡墙,直立的墙背调整为 1∶0.25 的坡比[图 6.4.3(c)]。在墙底设置凸榫或齿墙,既可增加抗滑力,又可减小墙体断面。断面优化后,混凝土方量及模板量均有所降低(表 6.4.1)。此外,在墙脚处设高 0.50 m 的格宾石笼,既可护脚防冲,又可缩小底排种植槽顶与河床的高差,方便不幸落水者攀爬自救。为增强生态效果,在每个阶梯上设置种植槽。

　　经上述优化,植绿生态挡墙造价为 7 318.36 元/m,较传统挡墙减少了 1 426.38元/m,较阶梯式挡墙减少了 2 000.01 元/m,降幅分别为 19.49%、27.33%(为便于比较,均以植绿生态挡墙造价为分母)。可见,优化后的植绿生态挡墙既经济实用,又同时具有生态美景及方便落水者自救性能。

6.4.3　稳定性复核

　　稳定性复核分为植绿生态挡墙结构稳定性复核、种植槽槽壁厚度复核、冲刷深度计算。

6.4.3.1　植绿生态挡墙结构稳定性复核

　　荷载组合包括:结构自重、水重、回填土重、静水压力等不同工况下的荷载组合。分三种工况:一是正常运行期,二是河道设计水位骤降至历史最低水位的骤降期,三是施工期,墙前墙后均无水。

　　挡墙墙底面的抗滑稳定性按式(6.1.3)计算,抗倾覆稳定性计算按式(6.1.4)计算,墙底应力按式(6.1.5)计算。

　　植绿生态挡墙稳定性计算结果见表 6.4.2。从表 6.4.2 可知,正常运行期、水位骤降期及施工期,地基承载力及结构稳定性均满足规范要求。

表 6.4.2　植绿生态挡墙稳定性计算成果表

计算工况	计算情况	计算值	规范允许值
正常运行期	抗滑稳定计算	$K_c = 1.506$	$[K_c] \geqslant 1.2$
	抗倾覆计算	$K_0 = 3.053$	$[K_0] \geqslant 1.40$
	基础应力计算	$P_{max} = 69.213$ kPa<地基承载力 180 kPa	
水位骤降期	抗滑稳定计算	$K_c = 1.429$	$[K_c] \geqslant 1.2$
	抗倾覆计算	$K_0 = 2.725$	$[K_0] \geqslant 1.40$
	基础应力计算	$P_{max} = 67.155$ kPa<地基承载力 180 kPa	
施工期	抗滑稳定计算	$K_c = 1.518$	$[K_c] \geqslant 1.05$
	抗倾覆计算	$K_0 = 7.047$	$[K_0] \geqslant 1.30$
	基础应力计算	$P_{max} = 88.130$ kPa<基础承载力 180 kPa	

6.4.3.2　种植槽槽壁厚度复核

对于先阶梯后砌筑槽壁的施工方法,砌体槽壁厚度可按式(6.1.7)确定[110]。

植绿生态挡墙种植槽深 $H_0 = 0.40$ m,忽略人员活荷载,槽内种植土取 $c = 0$,$\varphi = 20°$,$\gamma_{nu} = 18.5$ kN/m³,$\gamma'_{nu} = 8.5$ kN/m³,$\gamma'_t = 8.0$ kN/m³,采用 M10 砂浆砌筑烧结普通砖。当施工质量控制为 B 级时,$[\sigma] = 330$ kPa,$\theta = 48°$,$v = 2.6$ m/s,$k = 1.0$。代入式(6.1.7),得 $d = 0.060$ m。可见,种植槽壁厚取 0.15 m 时满足强度要求,且安全裕度充足。

6.4.3.3　冲刷深度计算

为确保河岸稳定,使水流不淘空岸脚,根据河岸现状确定挡墙埋置深度,可按式(6.1.8)—式(6.1.10)计算。

经计算,局部冲刷深度 h_s 为 0.385 m。根据现状测量结果河道凹岸有冲坑,冲坑深度 0.32~0.46 m,河道水陂下游河段也出现存在冲坑、护岸掏空、塌岸等情况。故在挡墙脚用厚 0.50 m 的格宾石笼进行防护。

6.4.5　实施方案

根据植绿生态挡墙设计优化及结构复核结果,叉仔河推荐实施方案为:将传统混凝土挡墙临水侧由直立式墙面调整为阶梯式墙面,综合坡比为 1 : 0.8,并用格宾石笼护脚,将墙背调整为仰斜式,坡比为 1 : 0.25;墙面上设置 4 排阶梯,阶梯宽为 0.80~1.00 m;各阶梯上均设种植槽,槽距 1.0 m,壁厚 0.15 m,槽净高 0.40 m,净宽为 0.65~0.85 m。植绿生态挡墙及种植槽槽壁结构强度均满足要求,与传统混凝土挡墙相比,植绿生态挡墙工程造价有所降低,生态效果良好,且有助于不幸落水者攀爬上岸自救。推荐方案通过了省市级水行政主管部门的审查审批,整治后的效果图见图 6.4.4。

图 6.4.4　叉仔河河道治理效果图

叉仔河治理工程将传统混凝土挡墙陡立的临水侧墙面适当放缓,改为阶梯式墙面,在各阶梯上设置种植槽,景观植绿后可形成全覆盖的生态美景,还可为不幸落水者提供手攀脚登之处,也为岸上救援人员提供方便。通过优化挡墙断面,将其调整为仰斜式墙背,并设置格宾护脚防冲,而工程造价比原直立式墙面挡墙还有所降低。以上表明,适合传统混凝土挡墙之处,也适合植绿生态挡墙。在传统挡墙基础上改进的构思新颖、结构稳定的植绿生态挡墙,对建设美丽乡村具有积极的意义。为提高临水侧生态效果,有条件时可考虑设置更缓的坡比。当景观要求比较高时,还可在种植槽内布置水管,与土壤墒情监测相结合,实现自动浇灌功能。

6.5　某灌渠改造工程

6.5.1　工程概况

某大型灌区总干渠兼顾排涝功能,设计流量 25 m³/s,现状为梯形土渠,渠宽 8~20 m,部分渠段穿过村庄及乡镇。渠身为人工填土,成分混杂,填筑较为松散,透水性中等至强;渠基主要为黏土质砂、中细砂及粉质黏土等,透水性弱至中等(图 6.5.1)。渠段渗漏、坍塌较为严重。为减少渗漏,提高渠身抗滑稳定性,提高灌溉水利用系数,拟对干渠进行加固改造。

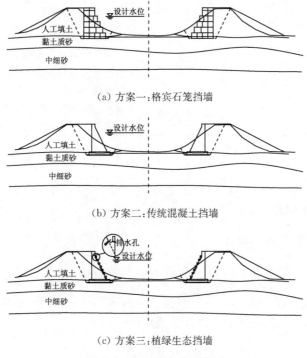

(a) 方案一:格宾石笼挡墙

(b) 方案二:传统混凝土挡墙

(c) 方案三:植绿生态挡墙

图 6.5.1　三种方案示意图

6.5.2　方案比选

现对穿过乡镇渠段初拟三种方案进行比选,以桩号 K2+463 断面为例。由于乡镇用地紧张,梯形混凝土衬砌断面占地较大,难以实施。另外,由于浆砌石结构造价定额较低,施工质量难以保证,实际上最终多为干砌石,均不在比选方案之中。因此选取以下三种方案:方案一,格宾石笼挡墙;方案二,传统混凝土挡墙;方案三,植绿生态挡墙(表 6.5.1)。

从表 6.5.1 及图 6.5.1 可知,三种方案均可行。方案一,生态,具有落水者自救性,造价最高,耐久性及安全可靠性尚需长期实践来验证。方案二,不生态,不具有落水者自救性,造价最低,技术成熟,耐久性好,安全可靠。方案三,生态,具有落水者自救性,造价较低,稍高于方案二,且依托混凝土挡墙,耐久性好,安全可靠。方案三是在传统混凝土挡墙的基础上进行了功能改造,从而具有生态性及落水者自救性,在造价上远低于方案一,稍高于方案二。与方案二相比,方

表 6.5.1　三种方案比选项目表（按每米长度计算）

项目	网箱或模板面积（m²）	块石或混凝土体积（m³）	造价（元）	优缺点
方案一，格宾石笼挡墙	30.53	16.08	8 918.90	生态，具有落水者自救性，造价高，耐久性及安全可靠性尚需长期实践来验证
方案二，传统混凝土挡墙	12.09	9.99	5 599.50	不生态，不具有落水者自救性，造价低，技术成熟，耐久性好，安全可靠
方案三，植绿生态挡墙	13.90	9.92	5 655.00	生态，具有落水者自救性，造价较低，依托混凝土挡墙，耐久性好，安全可靠

案三单位长度造价增加了 55.50 元，增加比例约为 1%，若分摊到挡墙的单位体积混凝土，则相当于增加了 5.56 元/m³。以如此小的代价换取落水者自救性及生态性，是非常值得的。

6.5.3　结构稳定性复核

因方案二传统混凝土挡墙与方案三植绿生态挡墙造价最为接近，最具有可比性，因此本节仅计算分析二者的稳定性及其变化特点。为方便比较起见，这里仅列出设计水位下的各种稳定性计算成果（表 6.5.2）。

表 6.5.2　设计水位下的各种稳定性计算成果

挡墙类型	基底应力（kPa）	抗滑稳定安全系数 K_c	抗倾覆稳定系数 $[K_0]$	地基整体稳定安全系数	地基沉降量（mm）	冲刷深度（m）
传统混凝土挡墙	101.5	1.59	3.62	1.56	26.7	0.28
植绿生态挡墙	101.4	1.58	3.61	1.56	26.6	0.28
规范允许值	120.0（地基承载力）	1.25	1.50	1.25	150.0	0.50（设计值）

从计算结果可以看出：

（1）两种类型的挡墙的基底应力、抗滑稳定安全系数、抗倾覆稳定系数、地基整体稳定安全系数、地基沉降量均满足规范要求；

（2）基础埋深设计值大于冲刷深度，满足抗冲要求；

（3）传统混凝土挡墙与植绿生态挡墙的各项指标相差甚微，即能够采用传统混凝土挡墙的涉水工程，也适合采用植绿生态挡墙。

6.6 广宁县排沙水(排沙镇段)治理工程

主要参考《广宁县排沙水(排沙镇段)治理工程初步设计报告》(广东中灏勘察设计咨询有限公司,2019)。

6.6.1 工程概况

广宁县排沙水(排沙镇段)位于粤西北地区,流域总面积为 105.67 km²,主河道长 26.71 km,平均坡降 7.8‰,多年平均降雨量 1 819 mm。河道桩号 K9+800—K9+900 右岸为当地中学正门广场。从防护对象重要性、防护结构安全性、水环境与水景观等方面考虑,经多种方案比选,采用植绿生态挡墙。为减少投资,优化为仰斜式挡墙。在挡墙临水侧设置种植槽,并回填种植土种植绿化,以增加挡墙生态性,同时,有助于不幸落水者沿种植槽攀爬上岸。

6.6.2 设计成果

本工程植绿生态挡墙高 4.2 m,设 4 排种植槽,相邻槽距 80~100 cm,槽壁厚 15 cm。根据植物生长需要,槽高 40 cm,槽宽 30~50 cm,槽底每 2 m 设直径 50 mm 排水管,槽内回填种植土厚 30 cm 以种植景观植物。为维持种植槽植物健康生长,同时布设堤坝太阳能墒情监测自动浇灌系统(图 6.6.1—图 6.6.3)。

图 6.6.1 排沙水(排沙镇段)工程现状(右岸为学校)

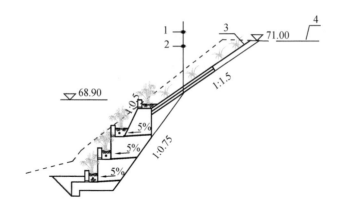

1—连锁植草护坡砖；2—粗砂垫层厚 100 mm；3—草皮护坡；4—混凝土路面

图 6.6.2　排沙水（排沙镇段）设计剖面图

图 6.6.3　排沙水（排沙镇段）工程效果图

对比工程现状图与效果图，二者反差明显。按设计图施工后，中学门前河段将形成河畅、水清、堤固、岸绿、景美的水生态环境。

6.7　阳春市鲤鱼河治理工程

本节内容主要参考了《阳春市鲤鱼河治理工程初步设计报告》（江门市科禹水利规划设计咨询有限公司，2019）。

6.7.1　工程概况

鲤鱼河发源于阳春市潭水镇凤来村淄寨山区,于新凤村埇口汇入潭水河,全长 19.7 km,流域面积 66.3 km²,为潭水河的一级支流,漠阳江二级支流,沿途蜿蜒曲折,穿越农田、村庄、山丘。河道多年来未进行过治理,两岸岸坡崩塌淤塞河道,导致上游河道逐年缩窄,河道中间及两岸岸坡灌木、杂草生长茂盛,部分河段水浮莲几乎覆盖整个水面,汛期更减慢了洪水消退速度,每遇汛期,洪水常漫过河岸,淹没两岸农田(图 6.7.1)。

图 6.7.1　鲤鱼河治理工程现状

鲤鱼河左、右岸岸坡多由河流冲积形成的粉质黏土、残积土和岩石等组成,多数坡面、坡顶长满杂草或杂树,大多数岸坡现状基本保持稳定,属基本稳定岸坡。局部段岸坡浅层揭露砾砂和含泥沙卵砾石层,属粗粒土,组成岸坡的土体抗冲刷能力差,河道蜿蜒曲折,有急弯河段,汛期河水水位急剧升降,历史上曾发生过小规模岸坡失稳事件。鲤鱼河河底地层多为冲积形成的粉质黏土、砾砂和含泥沙卵砾石层,抗冲能力较差。

6.7.2　设计成果

岸线布置遵循"堤岸防护与河道疏浚相结合,工程措施与非工程措施相结合,河道治理与综合利用相结合"的原则,并结合本工程特点布置。从河道安全泄洪和景观美化角度出发,在满足设计河床最小宽度的前提下,尊重河流自然属性,维持河流自然蜿蜒形态,保留河流有滩有潭、有宽有窄的自然形态;河势控制上因地制宜、顺其自然,因势利导,平顺衔接;堤线、岸线布置保留河道自然形态和原有天然弯曲;河道断面保留河道的天然性和多样性,避免单一的、几何规则的断面形式。鲤鱼河治理遵循防灾减灾、岸固河畅、自然生态、安全经济、长效管治的原则,以提高河道防洪排洪能力,恢复和改善河流生态功能,使人居环境更加美化,真正实现"河畅、水清、岸绿、景美"及人水和谐的目标。

根据河道走势以及现场调查,对靠近居民居住集中区及农田的河段进行护脚护岸,结合管理人员介绍和河道演变,对特别是迎流顶冲河段(凹岸)进行抗冲防护。迎流顶冲凹岸段(桩号0+994—1+147、1+589—1+623、1+805—1+941段)下面一级采用C20埋石混凝土植绿生态挡墙护岸,并在临水侧预留种植槽,同时在槽内种植水生植物;上面一级采用草皮护坡(图6.7.2)。岸顶临水侧均沿线安装仿木栏杆,仿木栏杆以内铺设2 m宽的彩色混凝土绿道。

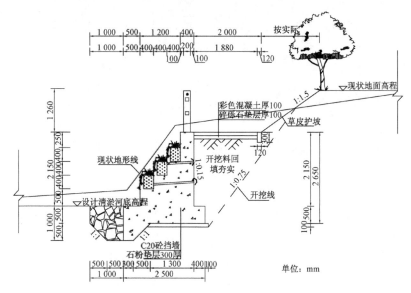

图6.7.2 鲤鱼河治理工程设计图

6.7.3 结构稳定性复核

6.7.3.1 挡墙结构稳定性复核

植绿生态挡墙结构稳定性计算及应力计算按式(6.1.3)—式(6.1.5)计算。挡土墙稳定计算按以下三种工况考虑。

①正常运用条件Ⅰ：正常运行期，挡墙前取设计水位，挡墙后水位与临水侧水位持平。

②正常运用条件Ⅱ：正常运行期，挡墙前取常水位（0.5 m 水深），挡墙后水位比临水侧水位高 0.5 m。

③非常运用条件Ⅰ：完建期，无水，挡墙前后水位与底板底齐平。

墙后回填土采用河道以及边坡开挖料，计算内摩擦角取 35°，天然容重取 19 kN/m³。地基土为砾砂，内摩擦角取 32°，黏聚力取 0，天然容重取 20 kN/m³，承载力特征值取 200 kPa，基底摩擦系数取 0.45，混凝土挡墙容重取 24 kN/m³。

根据地质勘查的结论、实际地形情况和设计断面情况，选择桩号 1+881 右岸断面作为典型断面进行计算。

采用北京理正软件研究院开发的理正岩土计算软件进行挡墙稳定计算，计算成果见表 6.7.1。

表 6.7.1 植绿生态挡墙稳定性及应力计算成果表

工况		抗滑稳定		抗倾覆稳定		P_{max}	P_{min}	$\overline{P}$	应力比	
		K_c	$[K_c]$	K_0	$[k_0]$	kPa	kPa	kPa	η	$[\eta]$
正常运用条件Ⅰ	设计水位	7.32	1.20	1.41	1.40	40.53	27.09	33.81	1.50	2.00
正常运用条件Ⅱ	常水位	2.68	1.20	2.13	1.40	40.85	30.40	35.63	1.34	2.00
非常运用条件Ⅰ	完建期	3.45	1.05	5.09	1.30	41.75	20.91	31.33	2.00	2.50

由上表计算结果可以看出，挡墙抗滑、抗倾覆稳定安全系数，边坡整体抗滑稳定系数，基底应力不均匀系数均满足规范要求。挡墙基底平均应力小于复合地基承载力，基底应力最大值小于地基承载力的 1.2 倍，满足规范要求，挡墙整体抗滑稳定满足规范要求。

6.7.3.2 冲刷深度计算

冲刷深度按式（6.1.8）—式（6.1.10）进行计算。计算结果见表 6.7.2。

表 6.7.2 坡脚冲刷深度计算表

γ_s (kN/m³)	γ (kN/m³)	d_{50} (m)	U (m/s)	η	U_{cp} (m/s)	Δh_s (m)	备注
20.0	10.0	0.000 14	1.25	1.00	1.250	0.92	砾砂，水流与岸坡交角小于 15°

根据整治后河道流速分析以及地质勘查报告,选取典型断面进行计算。鲤鱼河斜冲河段(即顶冲和凹岸段)最大冲刷深度为 0.92 m。

根据《广东省中小河流治理工程设计指南》,"护岸工程的下部护脚延伸范围应符合下列规定:在深泓近岸段应延伸至深泓线,并满足河床最大冲刷深度的要求",鲤鱼河坡脚防护埋深取 1.00 m。

6.8 阳江市阳东区大八河治理工程

本节主要参考了《阳江市阳东区大八河治理工程初步设计报告》(江门市科禹水利规划设计咨询有限公司,2019)。

6.8.1 工程概况

大八河发源于阳东区珠环大山,自北向南流向,经大八镇、塘坪镇、红丰镇至石角附近的大朗洞汇入漠阳江干流。集雨面积 278 km²,河流全长 41 km,河流比降 1.11‰(图 6.8.1)。

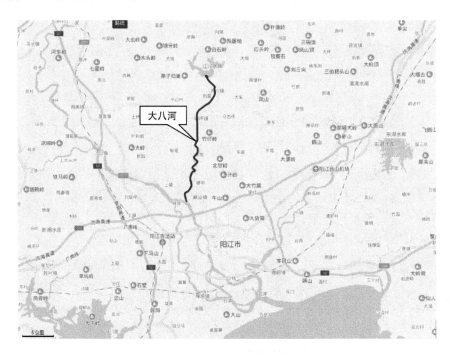

图 6.8.1 大八河工程地理位置图

大八河是漠阳江的重要支流,但是长期得不到治理,局部河段岸坡不稳,容易塌岸;干支流大部分河段处于不设防状态,少部分河段建有堤防,但是已建堤防修建于二十世纪五六十年代,多年来管理养护不足且没有进行过达标加固,堤防存在不同程度的安全隐患,防洪能力差。大八河比降大,主河槽窄,洪水来势凶猛,水位上升快,严重威胁到附近集镇、村庄、牲畜、农田等人民生命财产安全,存在较大安全隐患(图6.8.2)。

图 6.8.2　大八河岸坡坍塌现状

6.8.2　设计成果

（1）治理原则

本治理工程应尽量维持河道原有形态,避免裁弯取直、侵占河道;尽量维持河道天然的岸坡型式,仅在必要位置设置人工护岸,避免全线人工护岸而过度治理。

一般将流经村镇等人口聚居区域的河段划为生活区护岸,将流经农田、林地等无人区或少人居住的河段划为生产区护岸,因地制宜地选择护岸形式。从节约投资与当地生态环境协调角度考虑,护岸形式宜采用坡式护岸,植草护坡,局部易崩塌岸坡及靠近村庄和公路的河道两岸进行坡脚防冲加固和岸坡防护,同时结合生态景观及群众休闲需求进行村庄段或镇区段的综合设计。

(2) 护岸型式

护岸按断面形状分为天然型式、斜坡式、直立式、复合式四种。天然型式护岸包括天然岸坡和按照河道天然形态进行修整护砌的岸坡。随着目前生态景观建设的加强,人工天然护坡型式得到广泛的应用。斜坡式护岸:护坡坡比 1:2～1:3,有浆砌卵石、开槽框格混凝土、生态格网、草皮护坡等型式,适用于河道逐年被冲刷或淤积较深有滩地的河段,一般用在乡村河段。直立式护岸:基底均坐落在河底基面下不小于 50 cm,岸墙材料多采用埋石混凝土或浆砌石,适用于边坡较陡峭,河道淤积块石较多的河段。复合式护岸:多用在城镇或有景观需求的河段,方便设置亲水平台及园林建设等。

护岸按照材料分为自然土质岸坡和人工岸坡。人工岸坡又分为斜坡式、直立式、复合式。岸坡多采用混凝土、浆砌石、埋石混凝土等传统结构,以及植草砌块、铅丝石笼等生态型结构。

植草砌块和铅丝石笼是较好的生态护岸型式,应用较为广泛,它们的整体性能及抗冲性能均较好,可生长植被,有利于河流生态保护。

混凝土、浆砌石挡墙整体性好,强度高,抗冲流速大,可用在迎流顶冲段或局部防冲河段。挡墙的外露面可以贴浆砌卵石或垂直绿化。

斜坡式堤岸的人工护坡一般有植物护坡、黏土草皮护坡、框格(拱圈)草皮护坡、干砌石(卵石)护坡、浆砌块石(卵石)护坡、混凝土(混凝土预制块)护坡、多孔(生态)混凝土护坡、连锁块护坡、雷诺护垫、生态袋护坡、土工格栅(巢式)护坡等。

直立式护岸受岸坡坡度影响可采用材料的选择性较少,主要有混凝土、干(浆)砌石、石笼挡墙、生态混凝土砌块、预制板桩、土工合成材料加筋挡土墙等。

复合式护岸可根据需要,选择相应的斜坡式及直立式进行组合。河道护坡根据每段护岸所处河道位置,河道沿岸分布的农田、村庄等情况,逐段分析,以尽量采用生态性较强的型式和利用当地材料为原则,综合考虑投资造价,通过比选确定各段护岸型式。

(3) 方案比选

经比选,在支流双车河桩号 S1+690—1+775 左岸、桩号 S7+100—8+787 右岸、桩号 S6+739—6+915 两岸采用植绿生态挡墙。植绿生态挡墙高 3.3 m,临水侧墙面综合坡比为 1:0.5,墙背采用折线,设置 2 排种植槽,竖向间距 0.8 m。种植槽壁高 0.3 m,壁厚 0.15 m,种植槽净宽 0.35 m,槽壁与墙身混凝土同步浇筑(图 6.8.3、图 6.8.4)。

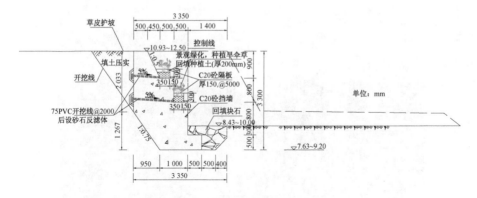

图 6.8.3　大八河治理工程设计剖面图

图 6.8.4　大八河治理工程施工现场

图 6.8.5 大八河两岸植绿生态挡墙

图 6.8.6 大八河植绿生态挡墙初步呈现生态效果

6.9 恩平市倒流河治理工程

本节内容主要参考了《恩平市倒流河治理工程初步设计报告》(江门市科禹水利规划设计咨询有限公司,2019)。

6.9.1 工程概况

恩平市倒流河属于粤西漠阳江水系,发源于恩平横陂方洞山,流经恩平的横陂镇,于佛子湖处进入阳江的那龙镇,在那龙圩西南与那吉河汇合后注入那龙河。流域主流河道弯曲,上游河床比较陡,下游较为平缓。倒流河在恩平境内的流域面积 193 km²,河流长度 28 km,平均坡降 1.17‰。

　　倒流河是漠阳江的二级支流,由于长期得不到治理,局部河段岸坡不稳,容易塌岸;干支流中下游大槐镇段建有堤防,但是已建堤防修建于二十世纪七十年代,多年来管理养护不足且没有进行过达标加固,堤防存在不同程度的安全隐患,防洪能力差。倒流河及其支流多年来未进行过系统清淤疏浚,目前河道淤积严重,河床抬高,两岸高秆作物较多,过流断面减少,严重影响行洪,给两侧河岸造成很大的防洪压力。倒流河比降大,主河槽窄,洪水来势凶猛,水位上升快,严重威胁到附近集镇、村庄、牲畜、农田等人民生命财产安全,存在较大安全隐患(图 6.9.1)。

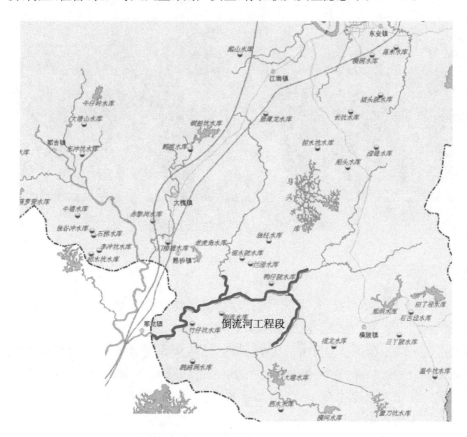

图 6.9.1　倒流河治理工程水系图

　　恩平市倒流河治理工程已经列入《广东省中小河流治理(二期)实施方案》,规划治理河道长 17.0 km,工程措施主要是堤防加固、护岸加固、河道清淤等,其中加固堤防长 5.0 km、加固护岸长 2.0 km、清淤疏浚河道长 17.0 km。

倒流河大朗围段位于大朗桥上游支流大朗河的右岸,保护堤后耕地 2 300 亩*及大朗、高地和福龙等多个村庄。堤顶高程在 15.8～16.4 m 之间,堤顶宽度为 1.5～2.0 m,堤顶不平整,堤身单薄矮小,由粉土、粉砂和少量黏土回填而成,局部夹含风化块石、碎石,均匀性较差,欠压实,堤身有杂草和矮小灌木覆盖,局部长有小乔木,现状土堤下游段临水侧河滩地宽 10～80 m。现拟对大朗围干流 K6＋700—K6＋910 段已经坍塌或可能坍塌的河段进行护岸(图 6.9.2)。

图 6.9.2　大朗围下游往上游俯瞰图

6.9.2　设计成果

根据工程实际情况,大朗桥下游护岸拟修建具有落水者自救性的植绿生态挡墙。该挡墙在传统混凝土挡墙的临水侧墙面增加多排种植槽,种植槽沿高度方向间隔布置,种植槽内可生长花草,体现自然生态的设计理念。种植槽外侧边缘凸出有凸缘,凸缘、种植槽与墙体之间形成一钩状部位,能减少意外溺亡事件的发生,便于落水者攀爬上岸,增加自救性能,充分体现以人为本的理念(图 6.9.3—图 6.9.4)。

---

* 注:1 亩≈666.67 m²。

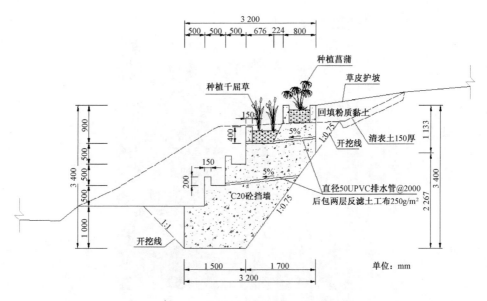

图 6.9.3 大朗围护岸加固典型设计横断面图

图 6.9.4 恩平市倒流河大朗围治理工程施工现场

图 6.9.5 大朗围植绿生态挡墙生态美景

6.10 廉江市武陵河治理工程

本节内容主要参考了《廉江市武陵河（和寮镇圩至和寮镇下望垌村河段）治理工程初步设计报告书》（茂名市祥海建设工程咨询有限公司，2019）。

6.10.1 工程概况

武陵河为九洲江一级支流，发源于廉江市和寮镇上溪村，全长 33.0 km，流域面积 210 km²，地形自北向南倾斜，土质为沙壤土，河床以沙泥组成，河宽 30～70 m。

武陵河流域属南亚热带季风气候，强降雨多为锋面雨和台风雨，暴雨大且集中，加之地处山区，山高坡陡，汇流时间短，洪水暴涨暴落，由此引发的洪水洪峰流量大，影响范围广；每逢暴雨，易引起山洪暴发，冲毁村庄、农田、水利设施，淹没附近村庄和城镇。拟治理河道现状防洪标准偏低，沿河两岸大部分为耕地或房屋，河道两岸无新建堤防，局部河道较弯曲，两岸为天然岸坡，岸坡低矮、单薄、不完整、不闭合；河床淤积，植物或垃圾侵占河道，局部岸坡存在坡脚淘刷、滑塌、裸露，植物侵占河道等问题（图 6.10.1）。

图 6.10.1　武陵河现状

鉴于上述情况,此处一旦山洪暴发,极易引发洪涝灾害,给当地群众带来重大的经济损失。山洪灾害是工程所在区域沿岸面临的突出问题,治理洪水灾害是本工程的首要任务。

武陵河治理工程主要是对武陵河上游六凤村委会良岸村至和寮镇和寮第一中学河段进行整治,规划治理河道总长 10.0 km,护岸总长 5.3 km,清淤疏浚总长 7.0 km。

6.10.2　设计成果

武陵河水流速度快,部分居民区紧邻河道,用地比较紧张。在有限的范围内,为了尽量扩大河道行洪断面,拟采用墙式护岸。中小河流治理工程墙式护岸挡墙一般采用浆砌石挡墙、生态浆砌石挡墙、植绿生态挡墙、埋石混凝土挡墙、混凝土挡墙、生态框挡墙、格宾挡墙。由于岸坡较低,从经济角度、施工进度、材料选取难易程度和生态绿化等方面考虑,本工程墙式护岸采用埋石混凝土挡墙、埋石混凝土植绿生态挡墙、阶梯式生态框挡墙和生态浆砌石挡墙。

武陵河中游两岸冲刷崩塌较为严重,但实际允许占地布置措施有限,常规挡墙无法满足要求,因此,采用阶梯式生态框挡墙、生态埋石混凝土挡墙和生态浆砌石挡墙。阶梯式生态框挡墙是采用工厂化预制框格,表面镂空,内部填充石材、土体、沙袋等材料的新型混凝土生态挡墙,有生态化、花园化、人性化、景观化、自挡土、自排水、适宜水生动物繁殖、亲水和谐等许多优越性。生态浆砌石挡墙既具有传统浆砌石挡墙抗冲耐磨、整体稳固的护岸能力,又外观自然,存在连通孔洞,可为水生生物提供栖息、繁衍的场所,生态适应性强,但其工序较传统浆砌石复杂,造价较高。埋石混凝土植绿生态挡墙在临水侧设有数排种植槽,在槽内充填种植土进行景观绿化,既具有传统混凝土挡墙抗冲耐磨、整体稳固的护岸能力,又外观自然,具有生态化、景观化的特点,既可为动物生长提供栖息空间,还有助于落水者沿种植槽攀爬上岸,但工序较传统混凝土挡墙复杂,造价比混凝土挡土墙微高。

结合地形地质条件,经方案比选,在 K3+550—K3+817、K3+838.8—K3+925、K8+218.2—K8+350、K9+548.5—K9+600 等河段左岸,K2+438—K8+350、K9+548.5—K9+850 河道右岸,采用埋石混凝土植绿生态挡墙护岸(图 6.10.2)。

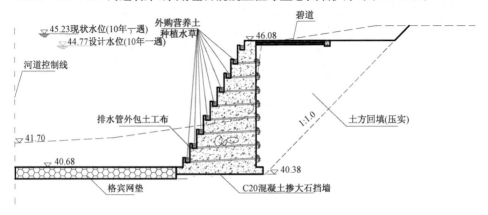

图 6.10.2　武陵河埋石混凝土植绿生态挡墙断面图

6.10.3　植绿生态挡墙稳定性复核

(1) 计算公式、计算工况及荷载组合

重力式挡墙主要计算挡墙沿基础底面的抗滑稳定性、抗倾覆稳定性和基底应力。

(2) 计算断面及计算工况

根据地勘成果,选择地质条件最不利的典型断面进行计算,以桩号 K3+800 断面为例。根据选定的典型断面,初步分析其最不利工况分别是施工期工况、完建工况、设计洪水工况和水位降落期工况。

完建工况:墙背填土完成,墙后水位和底板底面齐平;墙前水位与底板底面齐平。

设计洪水工况:墙前水位取设计洪水位,墙后水位考虑 0.50 m 水头差。

施工期工况:墙背未填土,墙后水位和墙前水位均与底板底面齐平。

水位降落工况:墙后水位取设计洪水位,墙前水位考虑 0.50 m 水头差。

各计算工况及荷载组合详见表 6.10.1。

表 6.10.1　挡墙计算工况及荷载组合表

荷载组合	计算工况	墙前水位 (m)	墙后水位 (m)	荷载组合					
				自重	静水压力	扬压力	水重	土压力	地震荷载
基本组合	完建期	39.52	39.52	√	√	√	√	√	
	设计水位	41.22	40.72	√	√	√		√	
特殊组合	施工期	40.28	40.28	√	√	√	√	√	
	水位降落	40.72	41.22	√	√	√	√	√	

根据《廉江市武陵河(和寮镇圩至和寮镇下望垌村河段)治理工程岩土工程勘查报告》,确定各岩土层物理力学参数指标。

(3)稳定性及应力计算成果

根据选定的挡墙断面,利用北京理正软件设计研究院编制的理正岩土挡土墙设计软件(V6.5PB1 版)进行计算,各种工况下长度 1 m 的护岸挡墙稳定性及应力计算成果见表 6.10.2。

表 6.10.2　植绿生态挡墙稳定性及应力计算成果表

计算工况	基底应力及不均匀系数				抗滑稳定安全系数		抗倾覆稳定安全系数	
	P_{max} (kPa)	P_{min} (kPa)	平均 (kPa)	η	计算值 K_c	规范允许值 $[K_c]$	计算值 K_0	规范允许值 $[K_0]$
完建期	39.01	30.47	34.74	1.28	3.19	1.20	3.64	1.40
设计水位	52.90	37.18	45.04	1.42	2.55	1.20	1.63	1.40
施工期	35.64	29.76	32.70	1.20	3.21	1.05	3.13	1.30
水位降落	44.77	19.51	32.14	2.29	3.05	1.05	2.15	1.30

植绿生态挡墙落于砂质黏性土层,地基承载力特征值为 140 kPa。根据表 6.10.2 计算结果可以看出,植绿生态挡墙抗滑、抗倾安全系数和地基承载力均满足设计要求。

(4)河道冲刷深度计算

治理河段护岸植绿生态挡墙基础主要置于第四系冲积层(Q_4^{al})地基上,护岸冲刷深度计算根据 GB50286—2013《堤防工程设计规范》附录 D.2 中公式计算,即式(6.1.8)—式(6.1.10)。

按照实际情况取河道计算参数对设计断面进行计算,计算见表6.10.3。为保障挡墙抗冲安全,在植绿生态挡墙墙脚处采用格宾网垫防护。

表6.10.3 武陵河干流冲刷深度计算成果表

桩号	水位 (m)	河底高程 (m)	h_0 (m)	泥沙容重 (kN/m³)	水容重 (kN/m³)	d_{50} (m)
3+800	44.04	39.70	4.340	19.11	9.8	0.0005

桩号	U_c (m/s)	n	U (m/s)	η	U_{cp} (m/s)	h_s (m)
3+800	0.363	0.17	1.28	1.5	1.54	1.21

6.11 湛江市坡头区官渡河治理工程

本节内容主要参考了《湛江市坡头区官渡河治理工程初步设计报告》(湛江市高远工程咨询有限公司,2019)。

6.11.1 工程概况

官渡河发源于廉江市平坦镇,全河长24 km,流域总面积81 km²。流经坡头区的新圩、山嘴、鸭屋、官渡圩后注入湛江海湾,区境内河段长16 km。

官渡河治理工程位于坡头区官渡镇境内,整治河道总长14.0 km,其中整治护岸长6.026 km,清淤疏浚河道长13.201 km,新建机耕桥1座。起点位于官渡河与沈海高速交界处,终点位于官渡镇官渡水闸,项目地理位置图见图6.11.1。

6.11.2 治理思路

官渡河因多年未整治,沿河淤积严重,河槽浅窄,河流水生态环境恶化较快,农田区挤占河滩,破坏河道生态。村镇河段占河违建多,建筑垃圾、生活垃圾随意往河流倾倒,尤其是周边的养殖鱼塘多年来一直把养殖淤泥往河道抽排,导致河道淤积,水体富营养化,对河道生态造成严重的影响。该治理工程通过清淤疏浚,把河道多年淤积的淤泥清理掉,改善并恢复河道的生态;同时结合官渡镇发展规划和沿岸乡村的生态文明村建设发展需求,在官渡河官渡镇段及黄桐村委

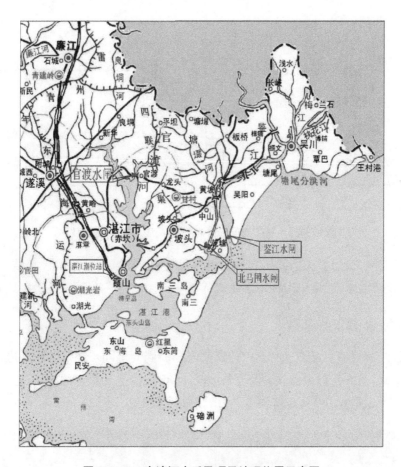

图 6.11.1　官渡河水系及项目地理位置示意图

会新圩村段重点打造自然生态、优美和谐的滨河绿道,并在河道沿岸布置透水砖人行便道,利用已有的河心洲及小岛建设观景凉亭等亮点工程,努力创造环境优美、宜居宜游的自然生态河流,营造人与自然和谐共处的水域空间。因此,该项治理工程是十分迫切和必要的。

　　根据工程实际情况及当地居民需求,在黄桐桥上游右岸局部高边坡段采用植绿生态挡墙护岸。为减少投资,将墙背优化为仰斜式,坡比为 1∶0.75(图6.11.2)。

　　从图 6.11.2 可知,在植绿生态挡墙临水侧墙面上,设置 4 排种植槽,相邻槽距竖向距离 1.00 m,水平距离 0.80 m,墙面综合坡比为 1∶0.8。种植槽的槽底净宽 0.65 m,槽净高 0.40 m,槽壁厚 0.15 m,可满足灌草植物生长的基本空间要求。

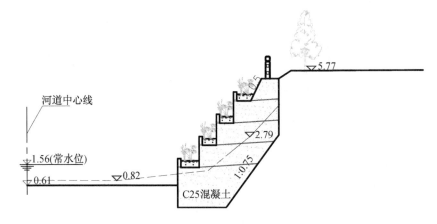

图 6.11.2 官渡河仰斜式混凝土植绿生态挡墙断面图

经复核,植绿生态挡墙所在边坡整体稳定性、植绿生态挡墙自身结构稳定性、种植槽稳定性、墙脚埋深均满足规范要求。

6.11.3 实施过程及效果

官渡河治理工程施工时采用种植槽与挡墙混凝土同步浇筑的施工方法(图6.11.3)。为方便种植槽立模及浇筑混凝土,保证槽壁混凝土的施工,选取槽壁厚 0.15 m,并沿槽壁底部间隔 5.00 m 设置排水孔。

图 6.11.3 官渡河治理工程实施效果

植绿生态混凝土强度满足设计要求时，在种植槽内充填种植土。最下一排种植三角梅，向上各排依次是遍地叶、泰国龙船花、彩霞变叶木、水红花。实施效果见图 6.11.4，初显生态特性。

图 6.11.4　官渡河治理工程实施效果

6.12　惠东县碧山河（陈塘段）治理工程

仰斜式挡墙属于重力式挡墙的一种，在水利工程河道治理、公路边坡处理中应用较多。对岩质边坡和挖方形成的土质边坡宜优先采用仰斜式挡墙，高度较大的土质边坡宜采用衡重式或仰斜式挡墙[111]。可见，仰斜式挡墙适用范围比较广。国内研究者在挡墙受力计算[112-115]、稳定性计算[116-120]及应用[121-126]方面关注较多。

仰斜式挡墙多采用浆砌石或混凝土材料,临水侧光滑、陡立、僵硬、单调,缺乏生态特性,若大规模使用,则与坚持人与自然和谐共生、践行绿水青山就是金山银山的理念不相协调。但仰斜式挡墙具有独特的优点,如墙背所受的土压力较小,墙背与开挖面边坡较贴合,因而开挖量和回填量均较小。因此,有必要将仰斜式挡墙改造为植绿生态挡墙,并与植绿前的仰斜式挡墙进行造价对比分析。

本节内容主要参考了《惠东县碧山河(陈塘段)治理工程初步设计报告》(深圳广汇源环境水务有限公司,2019)及文献[101]。

6.12.1　工程概况

惠东县碧山河(陈塘段)中小河流域处于南亚热带季风气候区,总面积116 km^2,河长 22 km,河床坡降 3.1‰,多年平均降雨量 1 778 mm,汛期雨量集中,并常受台风侵袭,易发生山洪灾害。现状两岸挡墙多布置于河道比降大、水流较急河段,挡墙地基多为砂卵石层。2018 年 8 月,受台风暴雨袭击,河道右岸现状浆砌石挡墙被山洪冲毁(图 6.12.1)。

图 6.12.1　碧山河(陈塘段)被山洪冲毁的浆砌石挡墙

6.12.2　方案设计及调整

该治理工程挡墙顶边距离房屋约 3～5 m,为保证岸墙施工安全,并更好地衔接现状挡墙上下游,同时考虑到该段河流比降大,水流较急,原浆砌石挡墙的抗冲性较差,拟按仰斜式 C20 混凝土挡墙恢复[图 6.12.2(a)]。该段挡墙岸顶有景观人行绿道,且位于人流密集区,主管部门技术审查时要求将挡墙生态化。

为此,调整设计,采用植绿生态挡墙。在仰斜式挡墙临水侧各级台阶处结合景观要求设置种植槽,并回填种植土、种植绿化,以增加挡墙生态性,同时,有助于不幸落水者沿种植槽攀爬上岸[图6.12.2(b)]。

图6.12.2(b)中,仰斜式植绿生态挡墙高7.36 m,设5排种植槽,相邻槽距100 cm。根据式(6.1.6)计算槽壁最小厚度8.9 cm,为方便施工,取壁厚15 cm。根据植物生长需要,设置槽高40 cm,槽底宽80~160 cm,槽底每2 m设直径50 mm排水管,槽内回填种植土厚30 cm,以种植景观植物。

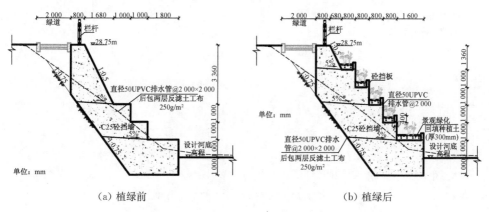

（a）植绿前　　　　　　　　　　　　（b）植绿后

图6.12.2　碧山河(陈塘段)仰斜式挡墙植绿修复前后对比

经计算,仰斜式植绿生态挡墙完建工况下抗滑安全系数为5.865,正常运行工况下抗滑安全系数为5.613,大于规范要求的1.2;完建工况下抗倾安全系数为20.092,正常运行工况下抗倾安全系数为17.602,大于规范要求的1.4。基底应力最大值为148.34 kPa,小于地基承载力允许值240 kPa,满足规范要求。

6.12.3　造价对比分析

根据图6.12.2,仰斜式挡墙与植绿生态挡墙工程量及造价列于表6.12.1中。从表6.12.1可知,这段挡墙植绿修复后造价增加了86 640.00元,增加比例为5.20%。增加的项目及数量为:混凝土75.60 m³,钢模板147.56 m²,聚乙烯闭孔泡沫板8.40 m²,回填种植土214.16 m³,种植槽绿化179.17 m²,槽内φ50UPVC排水管308.97 m。其中,造价增加最大的项目是挡墙混凝土,占造价总增量的72.93%。因此,减少混凝土量是优化设计的主要方向。对比图6.12.2中的两图,图6.12.2(b)中挡墙混凝土厚度可适当减少。若大致减少到图6.12.2(a)中的厚度,则混凝土增量可大大减少。经设计对比,此时混凝土量仅增加 15.8 m³,造价总增量为 36 657.96 元,增加比例为 2.20%。

表 6.12.1　仰斜式挡墙植绿前后工程量及造价对比

工程或费用名称	单位	工程量			单价(元)	总价(元)		
		植绿前	植绿后	增量		植绿前	植绿后	增量
C25 混凝土仰斜式挡墙 1 800 mm	m³	687.58	763.18	75.60	835.82	574 693.12	637 881.11	63 187.99
C25 混凝土仰斜式挡墙 1 500 mm	m³	207.97	207.97	0.00	836.95	174 060.49	174 060.49	0.00
C25 混凝土仰斜式挡墙 800 mm	m³	812.70	812.70	0.00	848.99	689 974.17	689 974.17	0.00
钢模板	m²	2 159.63	2 307.19	147.56	67.63	146 055.78	156 035.26	9 979.48
聚乙烯闭孔泡沫板分缝	m²	182.96	191.36	8.40	57.85	10 584.24	11 070.18	485.94
脚手架	m²	1 767.95	1 767.95	0.00	19.91	35 199.88	35 199.88	0.00
φ50UPVC 排水管@2000	m	270.55	270.55	0.00	11.62	3 143.79	3 143.79	0.00
反滤体碎石	m³	9.07	9.07	0.00	268.05	2 431.21	2 431.21	0.00
反滤体中粗砂	m³	82.30	82.30	0.00	376.53	30 988.42	30 988.42	0.00
锦纶网	m²	9.07	9.07	0.00	10.11	91.70	91.70	0.00
回填种植土	m³		214.16	214.16	32.74		7 011.60	7 011.60
生态种植槽绿化	m²		179.17	179.17	13.31		2 384.75	2 384.75
种植槽内 φ50UPVC 排水管@2000	m		308.97	308.97	11.62		3 590.23	3 590.23
合计						1 667 222.80	1 753 862.80	86 640.00 (5.20%)

　　可见,经优化后的仰斜式植绿生态挡墙造价增加幅度较小,且施工难度相当,是可接受的,而换来的生态效果却很明显。

　　仰斜式挡墙适用较广,但临水侧光滑、陡立,显得僵硬而单调,缺少生态特性。该治理工程充分利用其外侧仰斜的墙面,在临水侧设置数排种植槽,在槽内充填种植土进行景观绿化,可在临水侧形成生态美景,还可为动物提供栖息空间,而其工程造价增加甚微。槽内景观植物增加了河道糙率,可延缓支流洪水汇入主流的时间,减轻下游防洪压力。此外,有助于不幸落水者沿种植槽攀爬上岸,充分体现以人为本、人水和谐共生的理念。

参考文献

［1］袁以美.落水者自救型及米粒状浆砌石生态挡墙刍议［J］.广东水利电力职业技术学院学报,2018,16(3):1-4.

［2］袁以美,叶合欣,罗日洪.植绿生态挡墙及自动浇灌系统研究［J］.中国农村水利水电,2020(4):177-180+185.

［3］李秉晟,李就好,王浩,等.基于太阳能的生态挡土墙自动灌溉系统研究［J］.广东水利水电,2020(4):84-88.

［4］SEIFERT A. Naturnäherer Wasserbau［J］. Deutsche Wasserwirtschaft,1983,33(12):361-366.

［5］LAUB B G,PALMER M A. Restoration ecology of rivers［J］. Encyclopedia of Inland Waters,2009(1):332-341.

［6］ODUM H T. Environment, power, and society［M］. New York:John Wiley & Sons,1971:60-95.

［7］ROY R LEWIS Ⅲ. Ecological engineering for successful management and restoration of mangrove forests［J］. Ecological Engineering,2005,24:403-418.

［8］HESSION W C,JOHNSON T E,CHARLES D F,et al. Ecological benefits of riparian resforestion in urban watersheds: study design and preliminary results［J］. Environmental Monitoring and Assessment,2000,63:211-222.

［9］NARUMALANI S,ZHOU Y C,JENSEN J R. Application of remote sensing and geographic information systems to the delineation and analysis of riparian bufer zones ［J］. Aquatic Botany,1997,58 :393-409.

［10］KATSUMISEKI K. Project for creation of rivers rich in nature-toward richer natural environment in towns and watersides［J］. Journal of Hydroscience and Hydraulic Engineering(Special issues),1993,4:86-87.

［11］戴尔·米勒.美国的生物护岸工程［J］.水利水电快报,2000(24):8-10.

［12］刘晓涛.城市河流治理若干问题的探讨［J］.规划师,2001,17(6):66-69.

［13］李丰华,柴华峰,白明,等.生态挡土墙在航道护岸工程中的应用［J］.水运工程,2014(12):122-124+129.

[14] 绍俊华. 河道整治工程中自嵌式生态型挡墙的应用[J]. 珠江水运,2018(16):83-84.

[15] 陈萍,任柯,申新山. 退台式透水混凝土砌块挡墙在河道护岸中的应用[J]. 中国水土保持,2018(8):23-26.

[16] 孟良胤,章来军,周之静,等. 石笼网生态挡土墙在景宁县鹤溪河治理中的应用[J]. 浙江水利科技,2017,45(1):86-88+95.

[17] 车保川. 基于单片机的低功耗太阳能灌溉系统设计[J]. 济南职业学院学报,2015(1):92-93+118.

[18] 束文强,李旦,杜刚,等. 基于单片机控制的太阳能充电自动灌溉系统[J]. 电脑知识与技术,2017,13(32):244-245.

[19] 李双,李钟慎. 一种太阳能抽蓄灌溉自动控制系统的设计[J]. 设备管理与维修,2016(8):92-95.

[20] 李淳桢,彭彦卿. 一种用于抽蓄灌溉的太阳能板电源电路的设计[J]. 电子测试,2018(6):24-25.

[21] 傅秋艳,刘何俊,杨金广. 一种新型太阳能集水蓄水智能化微润灌溉系统[J]. 山东工业技术,2019(19):76-77.

[22] 邱林,覃江峰. 基于太阳能光伏技术的农田智能化灌溉系统[J]. 江苏农业科学,2016(5):373-376.

[23] 李光林,李晓东,曾庆欣. 基于太阳能的柑桔园自动灌溉与土壤含水率监测系统研制[J]. 农业工程学报,2012,28(12):146-152.

[24] 邓卓智,赵生成,宗复芃,等. 基于水体自然净化的北京奥林匹克公园中心区雨水利用技术[J]. 给水排水,2008(9):96-100.

[25] 陈忠兰,古宝和. 生态格网在河道整治工程中的应用[J]. 上海水务,2007(2):28-30.

[26] 杨洪彬. 对双流县生态河道建设的思考[J]. 农业科技与信息,2010(12):18-19.

[27] 宁夏水利科学研究院. DB 64/T 1094—2015 宁夏水利工程格宾应用技术导则[S].

[28] 徐恒,谷彤江. 格宾柔性防护材料结构综述[J]. 黑龙江水利科技,2006,34(4):191-192.

[29] 林虎,胡燕红,韩冬. 石笼挡土墙应用与研究现状综述[J]. 福建建材,2011(3):16-18.

[30] BERGADO D T, TEERAWATTANASUK C, WONGSANON T, et al. Interaction between hexagonal wire mesh reinforcement and silty sand backfill[J]. Geotechnical Testing Journal, ASTM,2001,24(1):23-38.

[31] BERGADO D T, VOOTTIPRUEX P, SRIKONGSRI A, et al. Analytical model of interaction between hexagonal wire mesh and silty sand backfill [J]. Canadian Geotechnical Journal,2001,38(4):782-795.

[32] BERGADO D T, YOUWAI S, TEERAWATTANASUK C, et al. The interaction mechanism and behavior of hexagonal wire mesh reinforced embankment with silty sand backfill on soft clay[J]. Computers & Geotechnics,2003,30(6):517-534.

[33] 刘泽,杨果林,申超,等.绿色加筋格宾挡墙现场试验研究[J].中南大学学报(自然科学版),2012,43(2):709-716.

[34] 杨浩.格宾挡墙发展综述[J].探矿工程(岩土钻掘工程),2016(10):96-99.

[35] 郑炳寅,郑克,何运水.优凝舒布洛克自嵌式景观挡土墙在水利工程中的应用[J].水利科技与经济,2006,12(10):708-709.

[36] 王锭一.自嵌式挡土墙的应用与研究[J].福建建设科技,2007(3):5-7.

[37] 张学臣,程卫国,高峰,等.自嵌式挡土墙的失稳分析与研究[J].水利水电技术,2009,40(12):83-86.

[38] 臧群群,邓远新.自嵌式植生挡土墙在广州市海珠区调水补水工程中的应用[J].广东水利水电,2011(6):33-35.

[39] 施建军,李静,祁天龙.舒布洛克干垒块加筋挡土墙在护岸工程中的应用[J].东北水利水电,2012(2):15-16+19.

[40] 李尚革.浅谈自嵌式植生挡土墙技术及经济分析[J].广东水利水电,2015(4):57-60.

[41] 王勇,云超.自嵌式植生挡墙在栗水河治理中的应用[J].江西水利科技,2016,42(2):120-124.

[42] 潘基先,周洲,文华.土工袋挡土墙的应用与研究现状综述[J].山西建筑,2015,41(7):74-75.

[43] 钟瑚穗.防洪与环保紧密结合的荷兰三角洲工程[J].水利水电科技进展,1998,18(1):20-23.

[44] 张文斌,谭家华.土工布充砂袋的应用及其研究进展[J].海洋工程,2004,22(2):98-104.

[45] VARGIN M N. Effect of continuous surcharge on a retaining wall[J]. Soil Mechanics and Foundation Engineering,1968,5(3):160-164.

[46] 乔丽平,王钊.土工袋加筋技术及其应用[C].//中国土工合成材料工程协会.全国第六届土工合成材料学术会议论文集,2004:364-369.

[47] 刘斯宏,松冈元.土工袋加固地基新技术[J].岩土力学,2007,28(8):1665-1670.

[48] 孙见松,马石城,印长俊,等.一种新型重力式挡土墙设计[J].工程建设与设计,2011(4):131-134.

[49] 王得昊,马贵友,于龙岩,等.DB21/T 2753—2017 植生毯与植生袋应用技术规程[S].

[50] 袁以美,吴茹,刘玉娟.一种能增加落水者自救性的挡土墙及其施工方法:201610076592.4[P].2016-05-04.

[51] 袁以美,郑明权,周代荣,等.某重点山洪沟防治措施及经济效益分析[J].水利水电技术,2017,48(6):124-127.

[52] 袁以美,陈建生.一种新型挡墙生态凹槽参数确定方法及造价分析[J].人民珠江,2019,40(5):8-11+17.

[53] 袁以美.生态挡墙雨水收集及自动浇灌系统:201821688661.8[P].2018-10-18.

[54] 袁以美,叶合欣,黄锦林,等.一种具有浇灌系统的阶梯式生态挡墙:201920301642.3 [P].2019-03-11.

[55] 袁以美.一种具有太阳能水泵自动浇灌系统的生态挡墙及施工方法:201811434282 [P].2019-02-05.

[56] 刘建学.仰斜式挡土墙的优越性[J].河北水利水电技术,2002(3):36-37.

[57] 王浩,王全才,马利群.三峡库区凸岸滑坡发育特征分析[J].人民黄河,2010,32(12): 197-198.

[58] 杨伟军,祝晓庆,禹慧.混凝土多孔砖砌体弯曲抗拉强度试验研究[J].建筑结构,2006 (11):71-72+67.

[59] 顾超,许金余,孟博旭.聚丙烯纤维对两种聚合物改性砂浆力学性能的影响[J].硅酸盐 通报,2018,37(12):3764-3768.

[60] 王波,廖维张,王红炜.聚合物改性高性能砂浆配制及性能研究[J].施工技术,2016 (S2):489-493.

[61] 安然,柴军瑞,覃源,等.植被根系形态对边坡稳定性的影响分析[J].水利水电技术, 2018,49(3):150-156.

[62] 卜宗举.植被根系浅层加筋作用对边坡稳定性的影响[J].北京交通大学学报,2016,40 (3):55-60.

[63] 陈昌富,刘怀星,李亚平.草根加筋土的室内三轴试验研究[J].岩土力学,2007(10): 2041-2045.

[64] 程洪,张新全.草本植物根系网固土原理的力学试验探究[J].水土保持通报,2002,22 (5):20-23.

[65] 余能海,周雷,王国林.不同植被根系对河堤岸坡加固效果[J].中国水能及电气化,2017 (9):40-43.

[66] 丰田,邱宙廷,李光范,等.植被护坡中根土复合土体抗剪强度分析[J].水利水电技术, 2018,49(7):174-180.

[67] 任柯.草本根系固土的力学机制及对土质边坡浅表层稳定性影响的研究[D].成都:西南 交通大学,2018.

[68] WU T H,MCKINNELL W P,SWANSTON D N. Strength of tree roots and landslides on Prince of Wales Island,Alaska[J]. Canadian Geotechnical Journal,1979,16(1):19-33.

[69] 夏汉平,敖惠修,刘世忠,等.香根草——优良的水土保持植物[J].生态科学,1997(1): 77-84.

[70] 张春晓,陈终达.香根草根-土界面的单根拉拔摩阻特性研究[J].江苏科技信息,2016 (26):69-71.

[71] 周成,路永珍,黄月华.香根草加固不同含水率膨胀土的侧限膨胀和直剪试验[J].岩土 工程学报,2016,38(S2):30-35.

［72］欧阳前超. 山西土石山区草本植物固土力学性能研究［D］. 太原：太原理工大学，2017.

［73］江苏省水利勘测设计研究院有限公司. SL 379—2007 水工挡墙设计规范［S］. 北京：水利水电出版社，2017.

［74］水利部水利水电规划设计总院. GB50286—2013 堤防工程设计规范［S］.

［75］黄河水利委员会勘测规划设计研究院. SL 274—2001 碾压式土石坝设计规范［S］. 北京：水利水电出版社，2002.

［76］李广信，张丙印，于玉贞. 土力学［M］. 2 版. 北京：清华大学出版社，2013：262-267.

［77］韩春妮，王博，仝玉琴. 海绵城市路面集雨技术分析［J］. 粘接，2019（9）：41-46.

［78］何茜. 海绵城市建设中嵌入式雨水收集系统设计研究［J］. 现代电子技术，2017，40（21）：141-144.

［79］曹苑. 某高层绿色建筑雨水回收系统设计与分析［J］. 安徽建筑，2019，26（7）：56-59.

［80］李达豪，南进军，邱前英. 基于雨水可持续利用的校园景观设计研究［J］. 绿色科技，2019（13）：58-59＋61.

［81］袁以美. 河道生态挡墙研究与应用综述［J］. 广东水利水电，2019（11）：67-70＋75.

［82］吴建华. 生态挡墙在河道整治中的应用［J］. 水利技术监督，2019（4）：148-151.

［83］陈泰霖. 城市园林绿化节水灌溉分析［J］. 绿色科技，2019（7）：166-167.

［84］罗日洪，黄锦林，袁以美，等. 一种用于河岸挡墙的节水型生态景观装置：CN201910641231.3［P］. 2019-07-16.

［85］宋登元，郑小强. 高效率晶体硅太阳电池研究及产业化进展［J］. 半导体技术，2013，38（11）：801-806.

［86］陈颖墨，沈司熠，王洁. 硅光电池的特性研究［J］. 大学物理实验，2020，33（1）：34-36.

［87］蔡威，吴海燕，谢昊成. 光伏太阳能电池进展［J］. 广东化工，2019，46（1）：84－85＋83.

［88］朱坤军，张兴权. 船舶与海洋工程 UPS 主机及蓄电池设计选型分析［J］. 船舶物资与市场，2019（12）：21-22.

［89］包哲铭. 数据中心 UPS 电源系统蓄电池组的选型研究［J］. 信息通信，2019（5）：286-287.

［90］王淑秀，司志泽. 铅酸蓄电池充放电在线监控技术研究［J］. 轻工标准与质量，2019（6）：72-73.

［91］许金星. 智能百叶窗蓄电池充放电控制系统的设计［J］. 自动化技术与应用，2020，39（2）：128-131.

［92］王玮茹，张建成. 优化的五阶段蓄电池充电方法研究［J］. 电源技术，2012，36（10）：1496-1499.

［93］王延宁，喻霞. 铅酸蓄电池充电特性及其影响因素分析［J］. 南方农机，2016，47（12）：131-133.

［94］陈丰源. 铅酸蓄电池放电特性研究与运行分析［J］. 机电信息，2019（5）：25-27.

[95] 杨正清,钟宇峰,钱礼明,等.铅酸蓄电池SOC诊断放电特性研究[J].电声技术,2019,43(10):69-71.

[96] 张志鹏,李艳,李新疆,等.一种新型自动化田间灌溉系统的设计[J].科技创新与应用,2019(1):90-91.

[97] 彭炜峰,李光林.智能分区农业滴灌系统的研究——以丘陵山地为例[J].农机化研究,2018,40(11):85-90.

[98] 罗斌,李秉晟,王浩,等.基于太阳能的自动灌溉系统设计[J].现代农业装备,2020,41(3):60-64.

[99] 袁以美,何民辉.植绿生态挡墙在太平河堤防加固工程中的应用[J].广东水利水电,2020(7):33-36.

[100] 袁以美,叶合欣,陈建生.生态管理视角下一种新型挡土墙的设计及应用[J].人民珠江,2018,39(9):43-46.

[101] 袁以美,叶合欣,陈建生,等.仰斜式挡墙植生方法及工程应用[J].人民珠江,2019,40(10):39-42.

[102] 天津市市容和园林管理委员会.CJJ/T82—2012园林绿化工程施工及验收规范[S].

[103] 袁以美,张军,叶合欣.混凝土生态挡墙在富梅河治理工程中的应用[J].甘肃水利水电技术,2019,55(5):20-23.

[104] 张根,高艳娇,张仲伟,等.堤防工程对河流生物多样性的影响分析——以南京新济洲河段河道整治工程为例[J].人民长江,2012,43(11):82-85.

[105] 陈云飞,孙东坡,何胜男.河道整治工程对河流生态环境的影响与对策[J].人民黄河,2015(8):35-38.

[106] 董哲仁.水利工程对生态系统的胁迫[J].水利水电技术,2003,34(7):1-5.

[107] 侯卫国,付悦,谢作涛.长江南京新济洲河段河道整治方案研究[J].人民长江,2010,41(8):9-13.

[108] 袁以美,叶合欣.植绿型挡墙在叉仔河治理工程中的应用及设计优化[J].中国农村水利水电,2020(5):87-91.

[109] 辜利江,赵其华,李勇.仰斜式挡墙的讨论及应用实践[J].水土保持研究,2005,12(1):167-169.

[110] 袁以美,叶合欣,陈建生.阶梯式生态挡墙及砌体槽壁参数确定方法[J].人民黄河,2020,42(8):127-130.

[111] 重庆市城乡建设委员会.GB50330-2013建筑边坡工程技术规范[S].北京:中国建筑工业出版社,2014.

[112] 代方国.两种土压力理论在仰斜式挡墙中的计算比较[J].中外公路,2011,31(1):30-33.

[113] 周克礼,周光华.固城电灌站厂房减压仰斜式挡土墙实例力学分析[J].岩土工程技术,

2007,21(5):234-238.

[114] 马超,冯永忠.岸边仰斜式挡土墙的计算分析研究[J].河北水利,2016(9):42.

[115] 陈志伟.地震作用下仰斜式挡墙的动力响应分析[J].四川建筑科学研究,2014,40(2):178-183.

[116] 母利.浅析水工仰斜式挡土墙的稳定性析[J].陕西水利,2010(4):96+95.

[117] 任波,魏新平.不同形式挡土墙的稳定性分析[J].路基工程,2014(2):148-152.

[118] 牛晨亮.仰斜式挡土墙影响因素的敏感度分析[J].路基工程,2018(5):55-58.

[119] 王广森,张丽.仰斜式重力挡土墙稳定计算复核[J].水利技术监督,2017,25(3):11-13.

[120] 夏智翼.仰斜式挡土墙稳定影响因素分析[J].水电与抽水蓄能,2016,2(4):95-101

[121] 陈琼,胡新丽,崔德山.强风化高边坡治理中仰斜式挡墙的设计方法及应用[J].岩土工程界,2006,9(10):58-59.

[122] 麦麦提·阿吉吾布力.某拟建复合式河堤挡墙及边坡稳定计算分析[J].水科学与工程技术,2018(5):56-59.

[123] 李振鑫,王天星.城区河道防洪工程设计[J].江淮水利科技,2018(4):12-13+48.

[124] 石敏.路堤挡土墙选型及适用条件分析[J].福建交通科技,2017(4):60-62.

[125] 辜利江,赵其华,李勇.仰斜式挡墙的讨论及应用实践[J].水土保持研究,2005,12(1):167-169.

[126] 林伟.仰斜式浆砌石挡墙在砂质粘性土中的应用[J].福建建筑,2003(4):59-60.